爆破员　安全员　保管员　统一培训教材

爆破作业人员读本

房泽法　贾永胜　赵根　李本平　刘铨铭　编

中国水利水电出版社
www.waterpub.com.cn

内 容 提 要

爆破员、安全员、保管员（统称“三大员”）是爆破作业单位必须取得持证资格的爆破作业人员。

本书主要针对“三大员”的文化程度，从施工操作的实际应用出发，对民用爆破器材的基本常识、爆破技术的基础知识、常用的各类爆破作业和施工操作、爆破项目的安全管理等方面做了较为简明系统的阐述，是“三大员”必须熟练掌握的一部学习工具书。

本书在原教材的基础上，通过2004年以来的教学实践和培训工作进行了多次修编，引入了最新的国家标准和行业规范要求，是当今“三大员”培训的一部好教材，同时本书亦可供从事爆破的其他人员学习和参考。

图书在版编目（CIP）数据

爆破作业人员读本：爆破员、安全员、保管员统一培训教材/房泽法等编.—北京：中国水利水电出版社，2013.5（2013.8重印）

ISBN 978-7-5170-0867-5

Ⅰ.①爆… Ⅱ.①房… Ⅲ.①爆破—技术培训—教材 Ⅳ.①TB41

中国版本图书馆CIP数据核字（2013）第091949号

书　　名	爆破员　安全员　保管员　统一培训教材 **爆破作业人员读本**
作　　者	房泽法　贾永胜　等　编
出版发行	中国水利水电出版社 （北京市海淀区玉渊潭南路1号D座　100038） 网址：www.waterpub.com.cn E-mail：sales@waterpub.com.cn 电话：（010）68367658（发行部）
经　　售	北京科水图书销售中心（零售） 电话：（010）88383994、63202643、68545874 全国各地新华书店和相关出版物销售网点
排　　版	中国水利水电出版社微机排版中心
印　　刷	三河市鑫金马印装有限公司
规　　格	145mm×210mm　32开本　8.5印张　220千字
版　　次	2013年5月第1版　2013年8月第2次印刷
印　　数	5001—10000册
定　　价	**58.00**元

凡购买我社图书，如有缺页、倒页、脱页的，本社发行部负责调换

版权所有·侵权必究

序

自改革开放以来，我国的爆破事业得到迅速发展，为国民经济和社会发展做出了积极贡献！

爆破作为一个特种行业，国家历来强调从业人员必须经过专门培训、考核合格并取得公安机关颁发的作业证才能具备执业资格。

为配合爆破员、安全员、保管员的培训考核工作，武汉市工程爆破协会在原有自编教材的基础上编写了这本《爆破作业人员读本》。本书针对爆破员、安全员、保管员技能要求，注重提高爆破作业人员的业务素质和安全意识，并将新的行业规范和标准纳入其中，为施工操作人员的培训提供了一本有价值的参考教材，相信会受到大家的青睐。

中国工程爆破协会理事长
中国工程院院士

2013年4月

前　言

爆破作业属于危爆行业的施工作业，关系到人民生命和财产的公共安全，“责任重于泰山”。爆破作业人员是爆破工程项目的组织者和参与者，其安全责任意识、技术业务素质、施工操作技能和岗位管理水平直接影响到工程是否能顺利进行，影响到企业的经济效益和社会效益。

鉴于此，湖北省工程爆破协会与武汉市工程爆破协会以《民用爆炸物品安全管理条例》（国务院第466号令）、国家标准《爆破安全规程》（GB 6722）及公安部《爆破作业单位资质条件和管理要求》（GA 990—2012）、《爆破作业项目管理要求》（GA 991—2012）等有关法律法规、行业标准及规范为依据，展望爆破新技术、新材料、新工艺的不断创新和发展要求，结合爆破作业单位的实际和爆破项目施工的特点，在2004年第1版《爆破培训简明教程》的基础上，继2007年、2010年的修编后，又一次对章节内容做了较大的增减和修订，以《爆破作业人员读本》的新面孔奉献给爆破作业单位的爆破员、安全员、保管员（统称“三大员”）以做培训之用。

本书力求从爆破作业人员从事爆破项目施工操作的应用出发。对必须熟练掌握的常用爆破器材、爆破基础知识、各类爆破作业的实际操作和安全管理作出介绍，内容深入浅出，浅显易懂，贴近实际，具有可读性。不仅适合“三大员”学习使用，亦可供爆破作业单位的其他管理人员阅读和参考。“三大员”培训中可根据不同学员对象、文化程度、业务素质状况和需求，进行内容增减，做到各有侧重。

我们殷切期望从事爆破作业的人员认真学习、钻研业务、提高技能、勤于管理、重视安全，抓好每一个爆破作业项目的各项工作，为我国工程爆破事业的发展做出应有的贡献。

在这里，对负责和修编本书而付出辛勤劳动的专家、教授及工作人员表示衷心的感谢。由于编者水平有限，书中难免有片面和疏漏之处，恳请专家、读者赐教，不胜感激。

湖北省工程爆破协会会长　谢先启

武汉市工程爆破协会　理事长　张文煊

2013年4月

目　　录

第一章

工业炸药常识

第一节　炸药爆炸基本概念

一、爆炸现象

我们在日常生活中经常遇到爆炸现象。根据爆炸现象产生的原因及特征，可将其分为三类：物理爆炸、化学爆炸和核爆炸。轮胎爆炸是一种物理爆炸现象；炸药爆炸是一种化学爆炸，是我们主要关注的爆炸现象。炸药爆炸的特征是：在发生爆炸处，周围压力突然升高，附近物体受到冲击或破坏，同时伴有声、光、热效应。

炸药发生爆炸应具备三个条件：放热化学反应，反应时生成大量气体，反应速度快，三者缺一不可，称为炸药爆炸三要素。

二、炸药化学变化的基本形式

根据炸药化学反应速度和传播性质的不同，可将炸药化学变化分成：热分解、燃烧、爆炸和爆轰四种基本形式。

（一）炸药的热分解

炸药在常温下会发生热分解，分解速度很慢，不会形成爆炸。但是随着环境温度的升高，分解速度加快，温度升高到爆发点时，热分解转化成爆炸。

炸药的热分解性能对炸药的储存有影响。例如，库房的温度和药箱（袋）堆放数量、堆放方式都会对炸药的热分解产生影响。因此，炸药仓库内的药箱堆放不宜过高，堆放不宜过紧，并应注意库房通风，防止温度升高，造成热分解加剧而引起爆炸事故。

（二）炸药的燃烧

在敞开条件下，大多数炸药能够稳定燃烧而不会发生爆炸。但燃烧速度会随着温度的增高和压力的增大而加快，当外界压力和温度超过某一极限值时，炸药很快由燃烧变为爆炸。

（三）炸药的爆炸和爆轰

炸药以不稳定的速度进行传爆的过程称为炸药的爆炸，以稳定的速度传爆的过程称为炸药的爆轰。炸药的爆炸和爆轰的传播速度通常达每秒数千米，而炸药的爆炸速度与外界条件关系不大，即使在敞开条件下也能进行高速爆炸反应。

炸药化学变化的四种基本形式虽然在性质上有不同之处，但它们之间却有着密切的联系，在一定条件下可以互相转化。炸药的热分解在一定条件下可以转变为燃烧；炸药的燃烧随着环境温度和压力的增加，又可转化为爆炸或爆轰。

第二节　炸药的起爆和感度

一、炸药的起爆

炸药具有爆炸的可能性，但在常态下处于相对的稳定状态，不会自行发生爆炸。要使炸药发生爆炸，必须给炸药某一局部施加一定的外能。炸药在外能作用下发生爆炸的过程，称为炸药的起爆。使炸药起爆所需的外能，则称为起爆能。

多种形式的外能都可以激起炸药爆炸，但从爆破作业安全和有效使用炸药的角度看，热能、爆炸能和机械能较有实际意义。

（一）热能起爆

热能起爆是当炸药受到热或火焰的作用时，其局部温度达到爆发点而引起的爆炸。利用热能起爆炸药是爆破技术中较常见的方式。例如，火雷管起爆法就是利用导火索的火焰来引爆火雷管；电雷管起爆法则是利用通电桥丝的灼热点燃引火药，进而引

爆雷管。

（二）机械能起爆

机械能起爆是在撞击、摩擦、枪击等机械力作用下使炸药发热达到爆发点而产生的爆炸。工程爆破中一般不采用机械能起爆炸药，但在生产、储存、运输或使用炸药时，必须注意因机械能作用引起的意外爆炸事故。

（三）爆炸能起爆

工程爆破中常用一种炸药的爆炸能量来引爆另一种炸药。例如爆破作业中利用雷管、导爆索、中继药包的爆炸能来起爆工业炸药。

除了热能、机械能和爆炸能外，冲击波、光能、超声振动、粒子轰击、高频电磁波等外部能量也可激起炸药爆炸，因此在爆破作业中也应引起注意。

二、炸药的感度

不同的炸药在同一外能作用下，有的很容易起爆，有的则较难起爆或不能起爆。例如有些工业炸药可以用 8 号雷管直接引爆，而有些则不能。这说明，不同种类的炸药发生爆炸的难易程度是不同的。炸药在外能作用下发生爆炸的难易程度称为该炸药的感度。

起爆某炸药所需的外能小，表明该炸药的感度高；而起爆某炸药所需的外能大，则该炸药的感度低。碘化氮只要用羽毛轻轻触及就可以引起爆炸，其感度很高；而硝酸铵要用几十克甚至数百克梯恩梯炸药引爆，其感度很低。

炸药的感度对于炸药的制造、加工、运输、储存和使用的安全十分重要。感度过高的炸药容易发生爆炸事故，而感度过低的炸药又给起爆带来困难。通常，工业炸药对热能、撞击和摩擦作用的感度都较低，要靠爆炸能来起爆。

根据外能对炸药作用形式的不同，炸药的感度可分为热感度、撞击感度、摩擦感度和起爆感度等。

（一）热感度

炸药在热能作用下发生爆炸的难易程度称为炸药的热感度，通常用爆发点和火焰感度等来表示。炸药的爆发点是指炸药开始爆炸所需加热到的最低温度。炸药自分解开始到爆炸所经历的时间称为爆炸延滞期。一些炸药爆发5min延滞期的爆发点列于表1-1中。

表1-1　部分炸药的爆发点

炸药名称	爆发点（℃）	炸药名称	爆发点（℃）
EL乳化炸药	330	雷汞	175～180
2号岩石硝铵	186～230	二硝基重氮酚	150～151
3号露天硝铵	171～179	黑索金	230
2号煤矿硝铵	180～188	硝化甘油	200
一级煤矿许用粉状乳化	307	梯恩梯	290～295
二级煤矿许用粉状乳化	293	硝酸铵	300
三级煤矿许用粉状乳化	299	黑火药	290～310

从表1-1中可以看出，炸药特别是用于装填雷管的起爆药，其热感度一般较高，即这些炸药对热能较敏感，在使用和保存爆炸物品时应远离火源，以防发生误爆。

（二）撞击感度

炸药在撞击作用下发生爆炸的难易程度称为炸药的撞击感度。撞击感度用垂直落锤仪测定。

（三）摩擦感度

炸药在摩擦作用下发生爆炸的难易程度称为摩擦感度。摩擦感度用摆式摩擦仪测定，用爆炸次数与试验总次数的百分比表示。

（四）起爆感度

炸药受到其他炸药的爆炸作用而发生爆炸的难易程度称为炸药的起爆感度。单质猛炸药的起爆感度可以用保证该炸药起爆所需的最小起爆药量来衡量。工程爆破中常用的硝铵炸药和乳化炸

药等混合炸药的起爆感度，一般采用殉爆距离来衡量。

第三节　炸药的爆炸性能

工业炸药的爆炸性能较多，其中与工程爆破有关的主要有：爆速、威力、猛度、爆速及聚能效应等。

一、爆速

爆速是指炸药爆炸时爆轰波在药柱中的传播速度，单位通常用 m/s 或 km/s 表示。爆速愈大，爆力也愈大。

炸药的爆速与药柱直径有关。随着药包直径的增大，炸药的爆速相应增大。当药包直径增大至某一数值时，爆速不再随着直径的增大而升高，而是保持一个恒定值，这时药包直径称为药包极限直径，用 $d_{极}$ 表示。随着药包直径的减小，炸药的爆速逐渐下降。当药包直径减小至某一数值时，继续减小药包直径，炸药爆炸完全中断，这时的直径称为药包临界直径，用 $d_{临}$ 表示。

炸药的爆速也与装药密度有关。在炮孔内，爆速随炸药装填密度的增加而增加，当密度达到某一临界点时，爆速也达到了最大值。如果再增加密度，爆速反而下降，甚至出现压死熄爆现象。

二、威力

炸药威力或称炸药的作功能力，是指炸药在介质内部爆炸时对其周围介质产生的整体压缩、破坏和抛掷能力。炸药威力的大小与炸药爆炸时释放出的能量大小成正比，炸药的爆热愈高，生成气体量愈多，爆力愈大。

炸药威力常用铅柱扩容法进行测定。铅柱是用纯铅熔铸成的圆柱体，其规格尺寸如图 1－1 所示。试验时称取 10g 被测试炸药，装入直径 24mm 的锡箔纸筒内插入雷管后放入孔底，堵上石英砂。爆炸后铅柱圆孔扩大成梨形，测出炸药爆炸前后钻孔的容积增加值，用毫升（mL）表示，即称为该炸药的爆力。

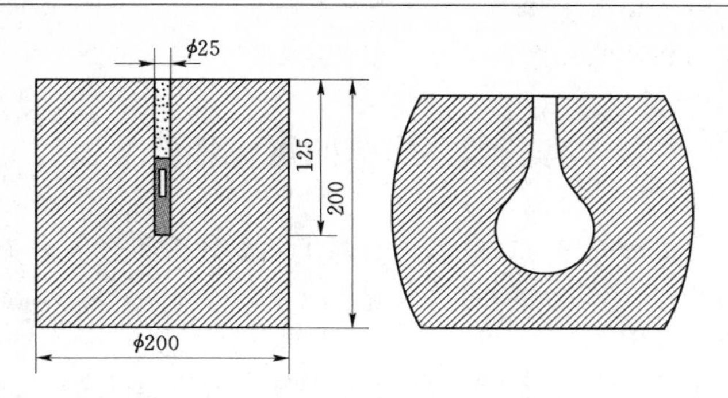

图 1-1 铅柱扩容法测炸药威力示意图（单位：mm）

工程爆破中通常使用相对威力的概念。所谓相对威力系指以某种已知炸药（如铵油炸药）的威力作为比较的标准。以单位重量炸药作比较的，称为相对重量威力；以单位体积炸药作比较的，则称为相对体积威力。在选用乳化炸药等含水炸药进行爆破参数设计时，一般以对体积威力来衡量比较合适。

三、猛度

炸药的猛度是指炸药在爆炸瞬间对与药包邻接的固体介质所产生的局部压缩、粉碎和击穿能力。炸药爆速愈高，其猛度愈大，即对临近岩石的粉碎能力越强。猛度作用范围很小，一般认为不超过药包直径的 2.0～2.5 倍。炸药的猛度常用铅柱压缩法测定，测定方法见图 1-2。

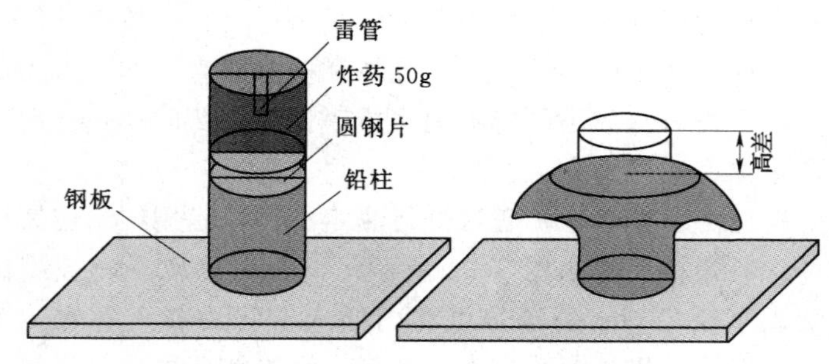

图 1-2 铅柱压缩法测炸药猛度示意图

四、殉爆距离

炸药爆炸时激起与它不相接触的邻近炸药发生爆炸的现象称为殉爆。主发药包爆炸时能引爆沿轴线布置的另一药包的最大距离称为该种炸药的殉爆距离，其单位一般用厘米（cm）表示。炸药的殉爆距离愈大，表明炸药的起爆感度愈高，传爆性能愈好。

殉爆距离的测定方法如图 1－3 所示。取两卷药量和药包直径相等的测试炸药包，其中一药卷的端面装上 8 号雷管作为主发药包。用与药包直径相同的圆木棒在水平的松沙土地上压出半圆槽，将两卷药包放入槽内，主发药包的窝心与被发药包的平面端相对，量出两药包间距 L，随后起爆。被发药包连续三次都能殉爆时两药包最大间距就是该炸药的殉爆距离。

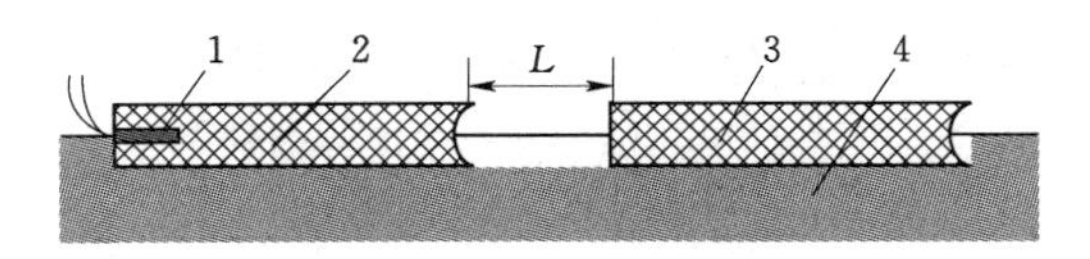

图 1－3　殉爆距离 L 测定方法

1—雷管；2—主发药包；3—被发药包；4—砂土地

炸药的殉爆距离与药包约束条件有关，外壳越坚硬，殉爆距离越大。殉爆距离也与主、被发药包之间的介质有关，若两者之间有惰性介质，则殉爆距离降低。

炸药的殉爆距离还与主、被发药包的装药密度、药包直径有关，药包直径越大，装药量越多，则殉爆距离越大。有些国家采用殉爆度来表示炸药的殉爆感度。其定义是卷装炸药的最大殉爆距离与药包直径的比值称为该种炸药的殉爆度。

在工程爆破中，殉爆距离对于确定合理的孔网参数、分段装药结构、盲炮处理等都具有指导意义。在炸药厂和危险品库房的设计中，它是确定安全距离的重要依据。

五、聚能效应

如图 1－4 所示的爆炸实验表明，某特定装药形状（如锥形

孔、凹穴）可以使炸药能量在空间上重新分配，大大地加强某一方向的局部破坏作用，这种利用装药一端的空穴以提高局部破坏作用的现象称为聚能效应。能产生聚能效应的装药称为聚能装药，而其特定的装药形状如锥形孔、凹穴等，称为聚能穴。

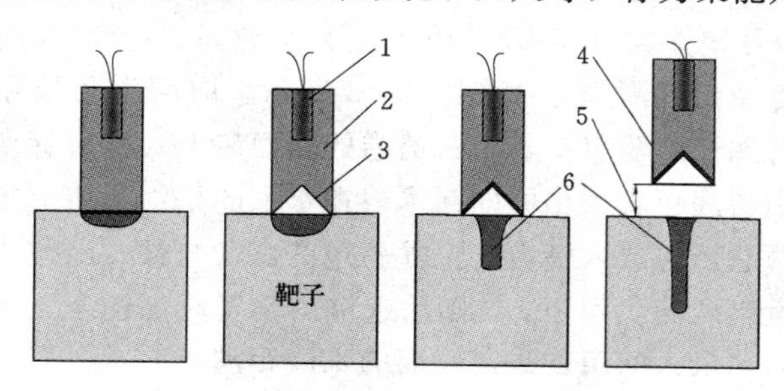

图 1-4　药柱形状不同对靶子的破坏情况

1—雷管；2—药柱；3—凹穴；4—金属罩；5—炸高；6—破坏效果

聚能效应是炸药爆炸作用的一种特殊情况，聚能装药爆炸时爆炸气体产物向聚能穴汇集，在凹穴轴线方向上形成一股高速运动的强大射流，即聚能流。聚能流具有极高的速度、密度、压力和能量密度，并在离聚能穴底部一定距离处达到最大值，因此其破坏作用增强了。

影响聚能效应的因素有以下四点：

（1）炸药性能：爆速越高、装药密度越大的炸药聚能效果越好。实际上，只有爆速高、猛度大的炸药才具有明显的聚能效应。

（2）装药尺寸：装药直径越大穿甲效应也越大，但金属射流速度不增大，穿甲能力也不按比例增大，提高装药直径有一定的限度。装药高度 H 大于药柱直径 D 与聚能穴深度之和的聚能效果较好。

（3）药型罩材料：带有金属罩的装药聚能效应更好。炸药爆炸时，金属罩受到高温高压作用而沿聚能穴轴线上形成高速的金

属射流，其穿透、破坏能力更大。通常，质量大、密度大、可压塑性好的药型罩材料聚能效果好，如生铁质、紫铜质药型罩较好，而铅质药型罩最差。

(4) 药型罩形状：常用半圆形，抛物线形药型罩。此外，炸高（聚能穴底部与靶板的距离）、装药结构、起爆位置等对聚能效应也有影响。

六、沟槽效应

当药卷与炮孔壁间存在有月牙形空间时（图 1－5），炸药柱出现的爆速降低直至拒（熄）爆的现象称为沟槽效应，也称管道效应、间隙效应。

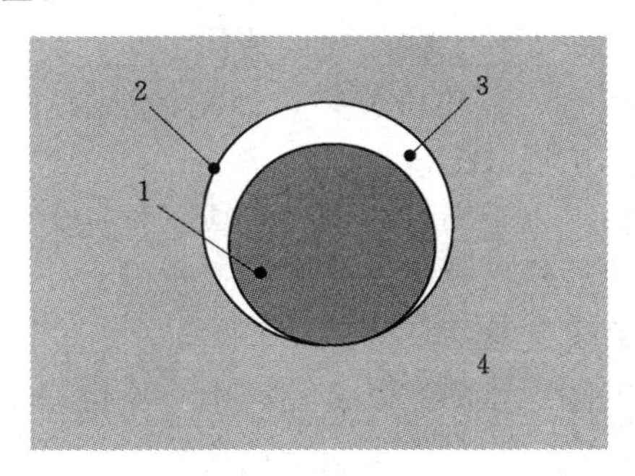

图 1－5　药卷与炮孔间的月牙形空间

1—药卷；2—炮孔；3—月牙形空间；4—岩石

通常，卷状乳化炸药的传爆长度比卷状岩石炸药长，也就是说乳化炸药的沟槽效应比卷状岩石炸药小。表 1－2 列出了不同炸药的沟槽效应值。

表 1－2　不同炸药的沟槽效应值

炸药牌号及类型	EL 系列	EM 型	2 号岩石
沟槽效应值（传爆长度）(m)	＞3.0	＞7.4	＞1.9

表中数据是用内径为 42～43mm，长 3m 的聚氯乙烯管或钢管，然后将直径为 32mm 的药卷连续放入管中，用一发 8 号雷管

引爆得出的。

在小直径炮孔爆破作业中这种效应较常见，是影响爆破质量的主要因素之一。

在工程爆破中消除沟槽效应和防止爆轰中断的措施有以下五点：

（1）采用耦合散装炸药消除径向间隙，可以从根本上克服沟槽效应。

（2）沿药卷全长布设导爆索，可以有效地起爆炮眼内的细长排列的所有药卷。

（3）每装数个药包后，装 1 个能填实炮孔的大直径药包，以阻止空气冲击波或等离子体的超前传播。

（4）选用不同的包装涂覆物，如柏油沥青、石蜡、蜂蜡等，可以削弱或消除沟槽效应。

（5）采用临界直径小、对沟槽效应抵抗能力大的炸药。水胶炸药和乳化炸药对沟槽效应有较强的抵抗能力。

七、炸药的安定性

炸药的安定性指炸药在长期储存中，保持原有物理化学性质的能力。有物理安定性与化学安定性之分。

物理安定性主要是指炸药的吸湿性、挥发性、可塑性、机械强度、结块等一系列物理性质。物理安定性的大小，取决于炸药的物理性质。如铵油炸药和岩石硝铵炸药易吸湿、结块，导致炸药变质严重，影响使用效果。

炸药化学安定性的大小，与炸药的化学性质及常温下化学分解速度的大小有关，主要取决于储存温度的高低。有的炸药要求储存条件较高，如 5 号浆状炸药要求不会导致硝酸铵重结晶的库房温度是 20～30℃，而且要求通风良好。

第二章 常用工业炸药

工业炸药的性能和质量对爆破效果和爆破安全有着直接的影响，因此它应满足如下要求：爆炸性能良好，有足够的爆炸威力；具有适中的感度，既能保证制造、运输、储存和使用时的安全，又能保证顺利地起爆；爆炸时生成的有毒气体量少；有适当的稳定储存期，在规定的储存期内不变质失效；原料来源丰富，生产简单，成本低。

第一节 工业炸药分类

工业炸药分类方法有以下四种。

一、按照炸药的应用范围和成分分类

按照炸药的应用范围和成分分类，可将炸药分为起爆药和猛炸药。

起爆药感度高，反应速度快，主要用作雷管装药。如二硝基重氮酚（DDNP）、雷汞、叠氮化铅等。

猛炸药感度适中，用雷管可以引爆，起爆威力大。猛炸药又可分成单质炸药和混合炸药等。工业上常用的单质炸药有梯恩梯TNT、黑索金RDX、太安PENT、奥克托金NMX等；工程爆破中常用的硝铵类炸药属混合炸药。

二、按照炸药使用条件分类

按照工业炸药的使用条件进行分类，可分成三类。

第一类：煤矿安全炸药。这类炸药允许在一切地下矿山和露天爆破工程中使用。主要用于有沼气和矿尘爆炸危险的矿井中，因此除了要求炸药爆炸时有毒有害气体生成量必须符合规定的标准外，还保证它爆炸时不得引爆沼气或矿尘。

煤矿许用炸药根据使用地点空气中所含瓦斯、煤尘的多少将其分为5级。其中一级煤矿许用炸药可用于低瓦斯矿井；二级煤矿许用炸药可用于高瓦斯矿井；三级煤矿许用炸药可用于瓦斯与煤尘突出矿井。

第二类：岩石炸药。这类炸药允许在地下和露天工程中使用，但不允许在有沼气和矿尘爆炸危险的矿山使用。由于井下和隧道中空间狭小，通风条件较差，必须严格限制有毒气体的生成量。所以，岩石炸药的配比要接近零氧平衡，炸药应完全爆炸。

第三类：露天岩石炸药。这类炸药只允许在露天爆破工程中使用。由于露天爆破用药量大，特别是空间开阔，通风条件好，允许其爆炸后产生一定量的有毒有害气体。

三、按照炸药的主要化学成分分类

按照炸药的主要化学成分分类又可将工业炸药分为硝铵类炸药、硝化甘油类炸药、芳香族硝基化合物类炸药。

四、根据炸药包装形式分类

工业炸药根据包装形式可分为：袋装品和卷装品。根据国家标准《工业炸药包装》（GB 14493—2003）袋装品每袋重量不应超过50kg，通常每袋重量在20～30kg之间；卷装品中的小直径药卷有三种规格，其外径分别为32mm、35mm、38mm，相应的药卷重量为100g、150g、200g三种；对于70mm、90mm等大直径药卷可向炸药生产厂家预订。

现在一些炸药生产厂家可生产直径为27mm、32mm、35mm、45mm、50mm、60mm、80mm、90mm，长度分别为200mm、300mm、400mm、500mm、800mm等特殊规格的卷装炸药，也可根据用户要求适当调整外径和长度。

第二节　常用工业炸药

一、铵油炸药

铵油炸药是由硝酸铵和燃料油组成的一种粉状或粒状爆炸性混合物，主要适用于露天及地下爆破工程。其产品包括：粉状铵油炸药、多孔粒状铵油炸药、重铵油炸药、粒状黏性炸药、增粘粒状铵油炸药等，常见的是前三种铵油炸药。适用于生产铵油炸药的硝酸铵通常有细粉状结晶硝酸铵和多孔粒状硝酸铵，所以铵油炸药有粉状铵油炸药和多孔粒状铵油炸药之分。

（一）粉状铵油炸药

粉状铵油炸药的主要成分是细粉状结晶硝酸铵，配以适量的轻柴油及疏松剂木粉混合而成。表 2－1 列出了几种粉状铵油炸药的组成与性能。

表 2－1　　粉状铵油炸药的组成与性能表

炸药品种		1 号铵油炸药	2 铵油炸药
组成（%）	硝酸铵	92	92
	柴油	4	1.8
	木粉	4	6.2
性能	密度（g/mL）	0.9～1.0	0.8～0.9
	猛度（mm）	≥12	≥18（钢管）
	爆力（mL）	≥300	≥250
	殉爆距离（cm）	2	
	爆速（m/s）	3300	3800（钢管）
	保存期（d）	7～15	7～15

（二）多孔粒状铵油炸药

多孔粒状铵油炸药是由 94.5%的多孔粒状硝酸铵和 5.5%

的柴油混合制成的铵油炸药。多孔粒状铵油炸药流散性好、成本低，其产品包装形式有卷装品和袋装品。一般用于炸药混装车装药的中深孔和大型爆破工程，但产品储存期较短，且不具有抗水性。

表 2－2 列出了几种多孔粒状铵油炸药性能。

表 2－2　多孔粒状铵油炸药性能表

项　　目	性　能　指　标	
	包装产品	混装产品
水分（%）	0.3≤	—
密度（g/mL）	0.8～0.9	0.8～0.9
猛度（mm）	≥15（钢管）	≥15（钢管）
威力（mL）	≥278	—
爆速（m/s）	≥2500（钢管）	≥2500（钢管）
临界直径（mm）	≥50	—
保存期（d）	30	—

（三）改性铵油炸药

改性铵油炸药的配方组分重量百分比为：硝酸铵 90%～92.5%、改性剂 0.3%～0.5%、木粉 4.2%～4.7%、复合油相 3%～5%。其制备方法是把硝酸铵、改性剂进行初级粉碎，混合，然后进行二级粉碎，并在 100～110℃温度下干燥，改性；冷却至 80℃左右，加入木粉和复合油相，混合均匀并冷却至 55℃以下即制得改性铵油炸药。通过对硝酸铵的改性，提高了硝酸铵颗粒与改性燃料油的亲和力，从而提高了铵油炸药的爆炸性能和储存性能。

根据使用条件不同，改性铵油炸药分为岩石型、露天型和煤矿许用型三种。其产品包装形式有卷装品和袋装品。

常用改性铵油炸药的性能指标见表 2－3。

表 2-3　　　　改性铵油炸药性能表

性　能	改性铵油炸药品种		
	岩石型	露天型	一级煤矿许用型
密度（g/mL）	0.90～1.10	0.90～1.10	0.90～1.10
猛度（mm）	≥12	≥12	≥10
爆力（mL）	≥298	≥298	≥228
殉爆距离（cm）	≥3	≥3	≥3
爆速（m/s）	3200	3200	2800
保存期（月）	6	6	4
有毒气体含量（L/kg）	≤100	≤100	≤80

（四）重铵油炸药

为了克服铵油炸药抗水性差的缺点，人们研制出了重铵油炸药，它是铵油炸药与乳化炸药混合的复合产品，在混合过程中铵油炸药的颗粒间隙被抗水性较好的乳化炸药充满，从而使铵油颗粒与水隔开，因此重铵油炸药有较好的抗水性。另外，重铵油炸药具有密度大，体积威力高，成本较低，抗水性能好，配比灵活，性能可以调节，粘附性小等优点。重铵油炸药适合炸药现场混装车装药。

工业炸药现场混装车是指将炸药原材料或半成品运到爆破工地，在车上进行现场混制与装药的一种混装系统；是集原材料运输、炸药现场混制、机械化装药为一体的先进的爆破现场装药设备。炸药的原材料或半成品在加工、运输、储存及装药过程中都不是炸药，直到其在炮孔内混合后才成为可以引爆的炸药。不仅在运输、储存环节中非常安全，而且装药计量准确，速度快，是国家鼓励发展和推广的炸药混装方式。目前我国生产的炸药混装车有铵油炸药混装车、乳化炸药混装车和重铵油炸药混装车。

二、膨化硝铵炸药

膨化硝铵炸药是以膨化硝酸铵作为氧化剂再添加可燃物（油

和木粉）混制而成的一种工业粉状炸药，对硝酸铵进行技术处理，使其敏化改性，提高了爆轰感度，而机械感度没有大的变化，虽然不含梯恩梯，但仍可达到或超过2号岩石铵梯炸药的各项性能指标，小直径药卷具有8号工业雷管感度。

膨化硝铵炸药具有良好的抗结块性，爆炸性能稳定，有毒气体生成量少，且生产成本低。膨化硝铵炸药的性能见表2－4。

表2－4　　常见膨化硝铵炸药性能表

项目		膨化硝铵炸药品种		
		岩石型	露天型	一级煤矿许用型
性能	密度（g/mL）	0.8～1.0	0.8～1.0	0.85～1.05
	猛度（mm）	≥12	≥10	≥10
	爆力（mL）	≥298	≥228	≥228
	殉爆距离（cm）	≥4	—	≥4
	爆速（m/s）	3200	2400	2800
	保存期（月）	6	4	4
	有毒气体含量(L/kg)	≤80	—	≤80

三、乳化炸药

（一）乳化炸药

乳化炸药是一种抗水炸药。它的主要成分有：氧化剂水溶液，碳质燃料，敏化剂和乳化剂。其中氧化剂由硝酸铵和硝酸钠组成。乳化剂的作用是将油、水两类互不相溶的物质经过乳化作用而形成油包水型的混合整体。敏化剂起敏化炸药、提高感度的作用。

根据使用条件不同，乳化炸药也分为岩石乳化炸药、露天乳化炸药、煤矿许用乳化炸药三种。根据包装形式和产品形态，乳化炸药可分为：药卷品、袋装品、散装品、乳胶液产品和乳胶铵油炸药掺和产品。几种常见乳化炸药的组成与主要性能见表2－5。

表 2-5　　常用乳化炸药的组成与主要性能

炸药系列或型号		EL 系列	CLH 系列	SB 系列	BME 系列
组成（%）	氧化剂	65～75	63～80	67～80	51～36
	乳化剂	1～2	1～2	1～2	1.5～1.0
	油相材料	3～5	3～5	3.5～6	3.5～2.0
	密度调节剂	0.3～0.5	—	1.5～3	—
	其他	12～18	17～28	16～25	23～52
性能	爆速（km/s）	4～5	4.5～5.5	4～4.5	3.1～3.5
	猛度（mm）	16～19	—	15～18	—
	殉爆距离（cm）	8～12	—	7～12	—
	临界直径（mm）	12～16	40	12～16	40
	储存期（月）	6	>8	>6	>2

乳化炸药具有许多优点：抗水性能强，在 1m 深的水中放 96h 其爆炸性能基本不变；爆炸性能好，临界直径为 12～16mm；机械感度低，安全性好；起爆感度适当，可用 8 号雷管直接起爆；炸药不含有毒成分，爆炸有毒气体生成量少。

（二）粉状乳化炸药

粉状乳化炸药是由氧化剂水相和复合油相经乳化制备成乳化基质，再经喷雾制粉、冷风降温制得的工业粉状乳化炸药。粉状乳化炸药采用乳化混合方式，使硝酸铵与复合油相均匀地结合在一起，因此该种炸药虽没用梯恩梯作为敏化剂，却爆炸性能优良。该炸药具有乳化炸药油包水的微观结构，抗水性能较好；炸药流散性好，不结块，便于炮孔装填；各项性能指标及安全性均优于工业粉状铵梯炸药；炸药生产工艺先进，成本低；运输、储存、使用安全，是粉状铵梯炸药的最佳替代产品。

根据使用条件不同，粉状乳化炸药也分为岩石粉状乳化炸药和煤矿许用粉状乳化炸药。其产品包装形式有袋装品和卷装品。

几种常见粉状乳化炸药的主要性能见表 2-6。

表 2-6　　粉状乳化炸药主要性能

炸药型号		岩石粉状乳化炸药	煤矿许用粉状乳化炸药		
			一级	二级	三级
性能	爆速（km/s）	≥3.4	≥3.2	≥3.0	≥2.5
	猛度（mm）	≥13	≥10	≥10	≥10
	殉爆距离（cm）	5	≥3	≥3	≥3
	临界直径（mm）	8	—	—	—
	做功能力（mL）	≥300	≥240	≥230	≥220
	有毒气体含量（L/kg）	≤80	≤80	≤80	≤80
	储存期（月）	6	>6	>6	>6

四、水胶炸药

水胶炸药是采用硝酸甲胺为主的水溶性敏化剂和密度调节剂，保证其在小直径条件下具有雷管感度的凝胶状含水炸药。其组成和结构与浆状炸药大致相同，外观也呈凝胶状。水胶炸药与浆状炸药、乳化炸药同为抗水炸药。

水胶炸药抗水性能强、密度高、威力大、使用安全，可做成小直径（35mm 以下）药卷。产品包括：岩石型、露天型和煤矿型水胶炸药，用于不同的工程爆破和水下爆破。几种常见水胶炸药的主要性能见表 2-7。

表 2-7　　常见水胶炸药的主要性能

项目		水胶炸药品种		
		1 号岩石型	露天型	一级煤矿许用型
性能	密度（g/mL）	1.05～1.30	0.8～1.0	0.85～1.05
	猛度（mm）	≥16	≥12	≥10
	爆力（mL）	≥320	≥240	≥220
	殉爆距离（cm）	≥4	≥3	≥3
	爆速（m/s）	3200	2400	2800
	保存期（月）	9	6	6
	有毒气体含量（L/kg）	≤80	≤80	—

第三章 起爆器材与起爆技术

第一节 工业雷管

工业雷管用于引爆炸药或其他起爆器材，是实施爆破作业必不可少的器材。常用的工业雷管按点火方式的不同可分为：

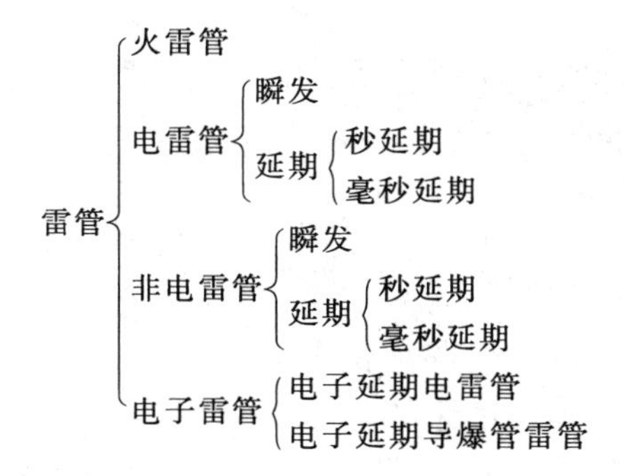

雷管按其装药量（雷汞）的多少分为十个等级，号数愈大，起爆药量愈多，因而起爆能力愈强。其规格及药量见表 3－1。工程爆破中普遍采用 8 号和 6 号工业雷管。

表 3－1　　雷管型号及规格表

雷管号	药量（g）	铜壳尺寸（mm）		雷管号	药量（g）	铜壳尺寸（mm）	
		内径	外径			内径	外径
1	0.3	5.5	6.0	4	0.6	5.5	6.0
2	0.4	5.5	6.0	5	0.8	6.0	6.5
3	0.5	5.5	6.0	6	1.0	6.0	6.5

续表

雷管号	药量（g）	铜壳尺寸（mm）		雷管号	药量（g）	铜壳尺寸（mm）	
		内径	外径			内径	外径
7	1.5	6.0	6.5	9	2.5	6.2	7.0
8	2.0	6.2	7.0	10	3.0	6.2	7.0

一、火雷管

在工业雷管中，火雷管是所有类型的雷管中最基本的一个品种，是其他各种雷管的基本组成部分。

火雷管的结构如图 3 - 1 所示，由管壳、正起爆药、副起爆药、加强帽四部分组成。

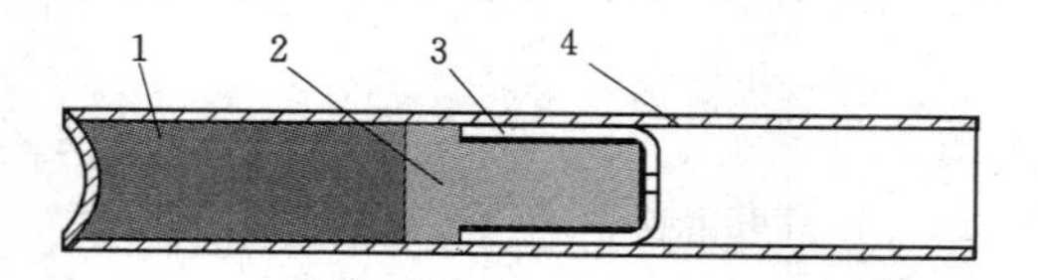

图 3 - 1　火雷管结构示意图

1—副起爆药；2—正起爆药；3—加强帽；4—管壳

管壳：火雷管的管壳通常采用金属、纸或硬塑料制成。管壳有一定的强度，以便于保存，同时提高雷管的防潮能力。管壳一端为开口端，以供插入导火索之用；另一端为聚能穴，用于提高雷管的起爆能力。

正起爆药：火雷管中的正起爆药在火焰作用下首先起爆。正起爆药装药量必须保证雷管的副起爆药可靠爆轰。

副起爆药：副起爆药也称为加强药，是在正起爆药爆轰作用下起爆，进一步加强雷管的爆炸威力，使其可靠地引爆工业炸药。

加强帽：加强帽是一个中心带小孔的小金属罩。其作用是：减少正起爆药的暴露面积，增加雷管的安全性；点火后在雷管内形成小密闭室，促使正起爆药爆炸压力的增长，使其完全爆轰，提高雷管的起爆可靠性。

国内已在 2008 年 6 月 30 日后停止使用火雷管。

二、电雷管

电雷管是由电点火元件和火雷管装配而成。当电雷管通以一定电流后，电流从脚线流经桥丝，使桥丝灼热，点燃引火药，引火药引爆雷管内的主副装药（或引燃延期药再引爆起爆药），从而完成雷管爆炸过程。

电雷管分为瞬发电雷管和延期电雷管。延期电雷管又可分为秒延期电雷管、半秒延期电雷管、1/4 秒延期电雷管与毫秒延期电雷管。按照是否允许用于有瓦斯或煤尘爆炸的场合，又有煤矿许用瞬发电雷管和煤矿许用毫秒延期电雷管，其中煤矿许用毫秒延期电雷管只有 1～5 段五个段位，且第 5 段延期电雷管的延期时间不超过 130ms。

（一）瞬发电雷管

瞬发电雷管是一种通电后立即引爆的雷管。引火头式瞬发电雷管的结构如图 3－2 所示。基本部分与火雷管相同，所不同的只是电雷管采用了电引爆装置，此装置称为发火元件。

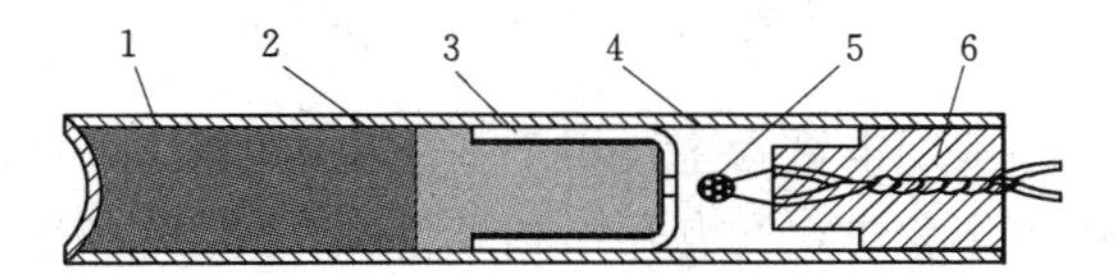

图 3－2 瞬发电雷管管结构示意图

1—副起爆药；2—正起爆药；3—加强帽；
4—管壳；5—引火头；6—卡口塞

脚线：用来给电雷管内的桥丝输送电流的一段导线。导线是一种带有绝缘包皮的金属导线。

桥丝：桥丝是一小段直径为 0.03～0.05mm，长 4～5mm 的康铜或镍铬电阻丝。桥丝被焊接在脚线端部。桥丝在通电时灼热，以点燃引火头或引火药。

引火药：引火药一般是可燃剂和氧化剂的混合物，涂在桥丝上。

当脚线接通电源后，电流通过桥丝使其发热，点燃引火药，引火药引燃起爆药（或引燃延期体），起爆药在加强帽的约束作用下，迅速由燃烧转变为爆轰，进而引爆副起爆药，完成雷管能量的对外输出。

（二）延期电雷管

延期电雷管是雷管通电后间隔一定时间才起爆的电雷管。毫秒延期电雷管的延期间隔时间是以毫秒量级来计算，秒或半秒延期电雷管的延期间隔时间以秒量级计算。延期电雷管的结构如图3－3所示。

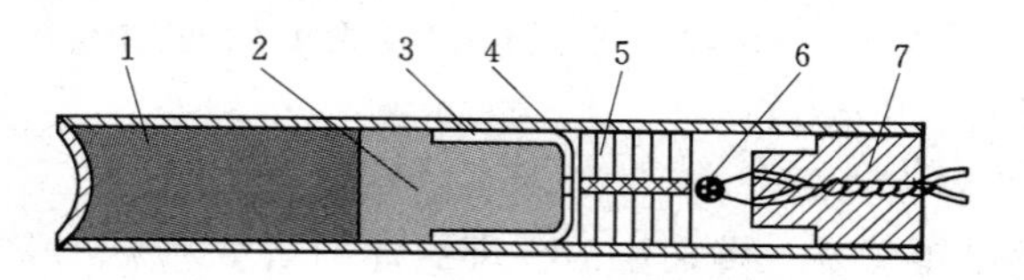

图3－3　秒延期电雷管结构示意图

1—副起爆药；2—正起爆药；3—加强帽；4—管壳；5—延期体；6—引火头；7—卡口塞

秒或半秒延期电雷管主要用于基建和隧道掘进、采石场、土方开挖等爆破作业中，在有瓦斯和煤尘爆炸危险的工作面不准使用这种秒延期电雷管。秒延期电雷管的延期时间见表3－2。

表3－2　　秒延期电雷管延期时间表

段　号	1/4秒系列（s）	半秒系列（s）	秒系列（s）
1	0	0	0
2	0.25	0.50	1.00
3	0.50	1.00	2.00
4	0.75	1.50	3.00
5	1.00	2.00	4.00
6	1.25	2.50	5.00

续表

段 号	1/4 秒系列 (s)	半秒系列 (s)	秒系列 (s)
7	1.50	3.00	6.00
8		3.50	7.00
9		4.00	8.00
10		4.50	9.00
11			10.00

注 资料源于《工业电雷管》(GB 8031—2005)。

毫秒电雷管可以组成多孔微差爆破网路，这对降低爆破振动，减小爆破对建筑物或边坡的危害，起到了重要的作用。毫秒延期电雷管的延期时间见表 3-3。

表 3-3　　毫秒延期电雷管段别与延期时间表

段号	第 1 系列 (ms)			第 2 系列 (ms)			第 3 系列 (ms)		
	名义	上限	下限	名义	上限	下限	名义	上限	下限
1	0	0	12.5	0	0	12.5	0	0	12.5
2	25	12.6	37.5	25	12.6	37.5	25	12.6	37.5
3	50	37.6	62.5	50	37.6	62.5	50	37.6	62.5
4	75	62.6	92.5	75	62.6	87.5	75	62.6	87.5
5	110	92.6	130.0	100	87.6	112.4	10	87.6	112.5
6	150	130.1	175.0				125	112.6	137.5
7	200	175.1	225.0				150	137.6	162.5
8	250	225.1	280.0				175	162.6	187.5
9	310	280.1	345.0				200	187.6	212.5
10	380	345.1	420.0				225	212.6	237.5
11	460	420.1	505.0				250	237.6	262.5
12	550	505.1	600.0				275	262.6	287.5
13	650	600.1	705.0				300	287.6	312.5
14	760	705.1	820.0				325	312.6	362.5
15	880	820.1	950.0				350	362.6	387.5
16	1020	950.1	1110.0				400	378.6	412.5

续表

段号	第1系列（ms）			第2系列（ms）			第3系列（ms）		
	名义	上限	下限	名义	上限	下限	名义	上限	下限
17	1200	1110.1	1300.0				425	412.6	437.5
18	1400	1300.1	1550.0				450	437.6	462.5
19	1700	1550.1	1850.0				475	462.6	487.5
20	2000	1850.1	2149.9				500	487.6	518.4

注　1. 第2毫秒系列为煤矿许用毫秒延期电雷管，该系列为强制性的。
2. 资料源于《工业电雷管》(GB 8031—2005)。

各厂家生产的延期电雷管的延期时间稍有不同，使用者可在雷管包装箱内找到延期时间表。

毫秒电雷管正在向高精度、多段数、多品种、多系列的方向发展，以满足不同工程爆破的要求。表3-4列出了西安庆华民用爆破器材股份有限公司生产的高精度延期电雷管。这种高精度延期电雷管采用封闭结构，其抗水性能和防潮性能高，安全可靠性高，延期精度高、延期时间范围广，适用于大规模复杂的爆破作业场所。产品规格有25ms、50ms、100ms、200ms、250ms、500ms和1000ms等间隔延期电雷管。

表3-4　西安庆华民用爆破器材股份有限公司高精度延期电雷管延期时间表

段别	25ms等间隔系列	50ms等间隔系列	100ms等间隔系列	250ms等间隔系列	500ms等间隔系列
1	25	50	100	250	500
2	50	100	200	500	1000
3	75	150	300	750	1500
4	100	200	400	1000	2000
5	125	250	500	1250	2500
6	150	300	600	1500	3000

续表

段别	25ms 等间隔系列	50ms 等间隔系列	100ms 等间隔系列	250ms 等间隔系列	500ms 等间隔系列
7	175	350	700	1750	3500
8	200	400	800	2000	4000
9	225	450	900	2250	4500
10	250	500	1000	2500	5000
11	275	550	1100	2750	5500
12	300	600	1200	3000	6000
13	325	650	1300		
14	350	700	1400		
15	375	750	1500		
16	400	800	1600		
17	425				
18	450				
19	475				
20	500				

注 资料源于西安庆华民用爆破器材股份有限公司网站。

根据《工业电雷管》（GB 8031—2005）规定，电雷管应在原包装条件下保管。储存环境要通风良好、干燥、防火，防盗。从制造日起电雷管存放有效期为18个月。

三、导爆管雷管

导爆管雷管是由导爆管内的冲击波冲能激发的一种工业雷管，由导爆管、延期体和火雷管装配组成，用于无沼气、煤尘等爆炸危险的爆破工程。

（一）塑料导爆管

塑料导爆管是内壁涂有薄层猛炸药和金属粉末，以低爆速传递爆轰波的挠性空心塑料细管。

当导爆管内受到一定强度的冲击能作用后，管内的炸药可保证形成稳定传播的爆轰波。在起爆的瞬间可以看到，爆轰波似一闪光通过导爆管。在导爆管出口端部喷出的爆轰波可以引爆雷管内的起爆药或延期药（延期药火焰再引爆起爆药），直至完成雷管的起爆。

目前导爆管有几种不同的型号：普通导爆管（类别代号为DBGP）、高强导爆管（类别代号为DBGG）、普通变色导爆管（类别代号为DBGP－BS）、高强耐温导爆管（DBGG－NW）、高强耐乳化基质导爆管（DBGG－NR）、高强耐硝酸铵溶液导爆管（DBGG－NX）等，以适应不同的爆破环境。

普通导爆管（DBGP）由低密度聚乙烯树脂加工而成，无色透明，外径3.0mm，内径1.4mm，每米导爆管药量为14～18mg，爆速为1600～2000m/s。导爆管经扭曲、打结后（管腔未堵死）仍能正常传爆。在管壁无破裂、端口以及连接元件密封可靠的情况下，导爆管可以在80m深的水下正常传爆。只有在管内断药大于15cm，或由于种种原因管腔被堵塞、卡死，或管腔内有水、砂土等异物，或管壁出现大于1cm裂口的情况下，导爆管才会出现爆轰波传播中断现象。导爆管内的爆轰波在传爆过程中不会破坏环境，传爆后的管壁亦无破损。导爆管本身不具有爆炸危险性，在火焰和机械碰撞的作用下均不能使其引爆。

（二）导爆管雷管

导爆管雷管的品种有：瞬发导爆管雷管、毫秒延期导爆管雷管、1/4秒延期导爆管雷管、半秒延期导爆管雷管和秒延期导爆管雷管等多种型号和规格，延期导爆管雷管的段别与延期时间的关系详见表3－5、表3－6。

表3－5　毫秒延期导爆管雷管段别与名义延期时间

段号	第1毫秒系列（ms）	第2毫秒系列（ms）	第3毫秒系列（ms）	段号	第1毫秒系列（ms）	第2毫秒系列（ms）	第3毫秒系列（ms）
1	0	0	0	4	75	75	75
2	25	25	25	5	110	100	100
3	50	50	50	6	150	125	125

续表

段号	第 1 毫秒系列（ms）	第 2 毫秒系列（ms）	第 3 毫秒系列（ms）	段号	第 1 毫秒系列（ms）	第 2 毫秒系列（ms）	第 3 毫秒系列（ms）
7	200	150	150	19	1700	450	550
8	250	175	175	20	2000	475	600
9	310	200	200	21		500	650
10	380	225	225	22			700
11	460	250	250	23			750
12	550	275	275	24			800
13	650	300	300	25			850
14	760	325	325	26			950
15	880	350	350	27			1050
16	1020	375	400	28			1150
17	1200	400	450	29			1250
18	1400	425	500	30			1350

注 资料源于《导爆管雷管》(GB 19417—2003)。

导爆管雷管的导爆管长度可做成 3m、5m、7m、10m 等多种尺寸，供使用者选用。导爆管雷管结构如图 3－4 所示。

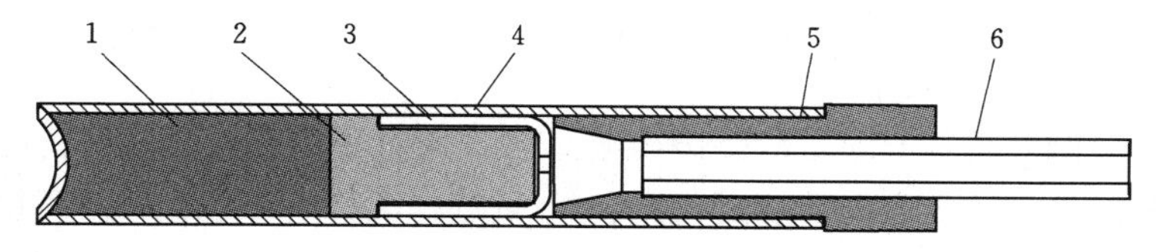

(a)瞬发导爆管雷管

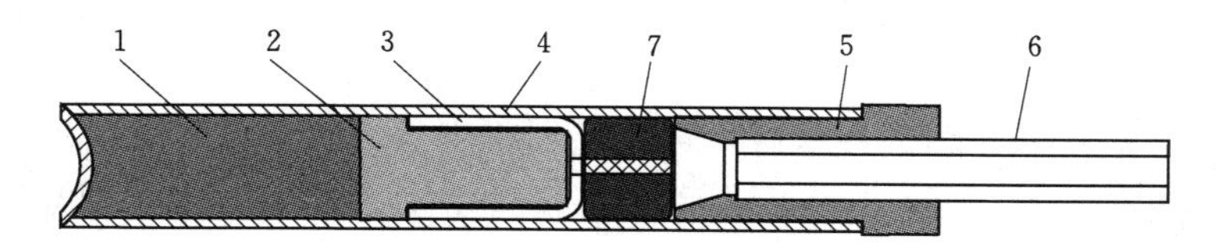

(b)延期导爆管雷管

图 3－4 导爆管雷管结构示意图

1—副起爆药；2—正起爆药；3—加强帽；4—管壳；
5—卡口塞；6—导爆管；7—延期体

图 3-4（a）为瞬发导爆管雷管，主要由火雷管（副起爆药，正起爆药、加强帽、管壳）、卡口塞和导爆管等组成。

图 3-4（b）为延期导爆管雷管，主要由火雷管、卡口塞、导爆管和延期体等组成。

表 3-6　　秒延期导爆管雷管延期时间表

段　号	1/4 秒系列（s）	半秒系列（s）	秒系列（s）
1	0	0	0
2	0.25	0.50	1.00
3	0.50	1.00	2.00
4	0.75	1.50	3.00
5	1.00	2.00	4.00
6	1.25	2.50	5.00
7	1.50	3.00	6.00
8	1.75	3.50	7.00
9	2.00	4.00	8.00
10	2.25	4.50	9. 00

注　资料源于《导爆管雷管》（GB 19417—2003）。

为了满足不同工程爆破要求，西安庆华民用爆破器材股份有限公司生产出了高精度延期导爆管雷管，表 3-7 列出了其高精度延期导爆管雷管的段别与延期时间。产品的主要特点是延期精度高、延期时间范围广，可以满足 0～12s 之间不同延期时间系列要求，达到国内高精度延期导爆管雷管的先进水平，且耐高温、耐低温、耐油性能好，可广泛应用于非煤矿山爆破作业和炸药混装车装药的工程爆破中，产品部分性能指标已达到欧洲标准。

根据《导爆管雷管》（GB 19417—2003）规定，导爆管雷管应在原包装条件下保管；储存环境要通风良好、干燥、防火，防盗；从制造日起导爆管雷管存放有效期为两年。

表 3-7　西安庆华民用爆破器材股份有限公司高精度延期导爆管雷管延期时间表

段 别	延期时间 (ms)	段 别	延期时间 (ms)	段 别	延期时间 (ms)
1	25	21	550	41	3000
2	50	22	600	42	3200
3	75	23	650	43	3400
4	100	24	700	44	3600
5	125	25	750	45	3800
6	150	26	800	46	4000
7	175	27	900	47	4300
8	200	28	1000	48	4600
9	225	29	1100	49	4900
10	250	30	1200	50	5200
11	275	31	1300	51	5500
12	300	32	1400	52	6000
13	325	33	1500	53	6500
14	350	34	1600	54	7000
15	375	35	1800	55	7500
16	400	36	2000	56	8000
17	425	37	2200	57	9000
18	450	38	2400	58	10000
19	475	39	2600	59	11000
20	500	40	2800	60	12000

注　资料源于西安庆华民用爆破器材股份有限公司网站。

导爆管雷管具有抗静电、抗雷电、抗射频、抗杂散电流、抗水的能力，使用安全可靠，组网简单，因此，其用量呈逐年增加的趋势。

四、电子延期雷管

电子延期雷管是指在原有火雷管装药的基础上，采用具有电子延时功能的专用集成电路芯片实现延期的雷管。电子雷管的延期精度高，延期时间可精确到 1ms。延期时间可由爆破作业人员编程设定和检测。电子延期雷管需用专用起爆器引爆，起爆安全可靠。

（一）电子雷管结构

电子雷管的实物剖面如图 3－5 所示，电子雷管的结构简图如图 3－6 所示。

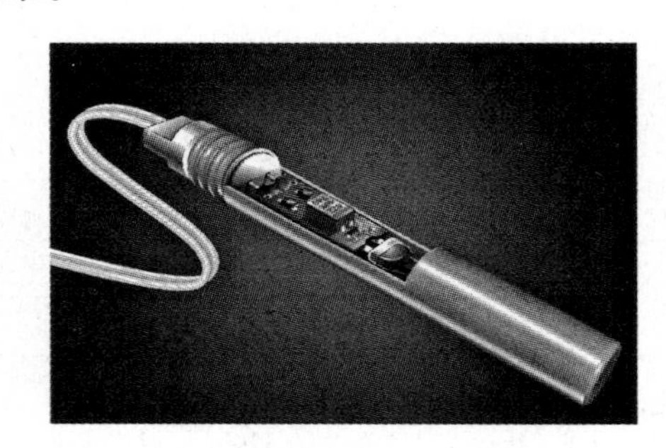

图 3－5　电子雷管实物剖面图

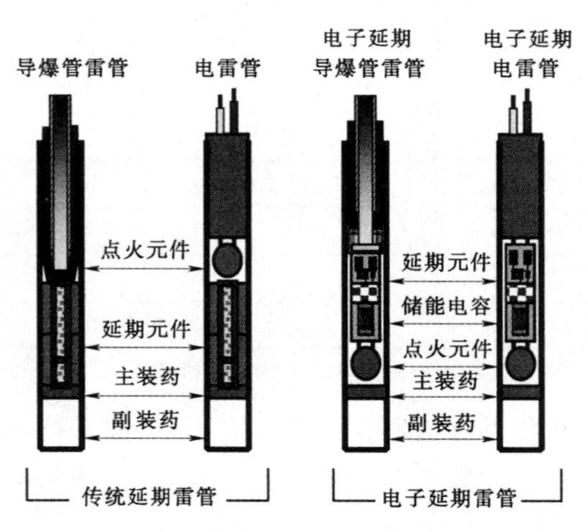

图 3－6　传统延期雷管与电子延期雷管的异同

由图3-6可知，电子延期雷管与传统延期雷管的不同之处在于延期结构和点火头的位置，传统延期雷管采用化学物质进行延期，电子雷管采用具有电子延时功能的专用集成电路芯片进行延期；传统雷管点火头位于延期体之前，点火头作用于延期体实现雷管的延期功能，由延期体引爆雷管的主装药部分；而电子雷管延期体位于点火头之前，由延期体控制开关直接点燃点火头，再由点火头引爆雷管主装药。

（二）电子雷管分类

电子雷管按照输入能量的不同进行分类，可分为电子延期电雷管和电子延期导爆管雷管两种。若按照延期设定方式进行分类，电子雷管可分为：固定延期电子雷管，现场可编程电子雷管，在线可编程电子雷管等。按使用场合进行分类，电子雷管又可分为隧道专用电子雷管，煤矿许用电子雷管和露天使用电子雷管等。

1. 电子延期导爆管雷管

电子延期导爆管雷管的初始激发能量来自于导爆管的冲击波，由爆电换能器将冲击波能转换为电能存入储能电容中，为电子雷管的延期元件和点火元件提供能量，如：美国EB公司的DIGIDET雷管。

2. 电子延期电雷管

电子延期电雷管的初始能量来自于外部设备加载在雷管脚线上的能量，电子雷管的操作过程（如写入延期时间、检测、充电、启动延期等）由外部设备通过加载在脚线上的指令进行控制，如中国的隆芯1号电子雷管、ORICA的I-KON等。

3. 固定延期电子雷管

固定延期电子雷管是在生产过程中，延期时间直接写入控制芯片的存储单元中，依靠雷管脚线颜色或线标区分雷管的段别，雷管出厂后延期时间不能再修改。

4. 现场可编程电子雷管

现场可编程电子雷管的延期时间是写入芯片内部的电可擦除存储器中，延期时间可以根据需要由专用的编程器，在雷管接入总线前写入芯片内部，一旦雷管接入总线后延期时间即不可修改。

5. 在线可编程电子雷管

在线可编程电子雷管的内部并不保存延期时间，即雷管断电后回到初始状态，无任何延期信息，网路中所有雷管的延期时间保存在外部起爆设备中，在起爆前根据爆破网路的设计写入相应的延期时间，即延期时间在使用过程中，可以根据需要任意修改，国内外的大多数电子雷管属于这一种类型。

6. 煤矿许用电子雷管

煤矿许用电子雷管必须符合延期时间小于煤矿许用电子雷管的两个基本要求：一是不含铝；二是延期时间要小于130ms。由于煤矿掘进具有简单重复的特点，延期时间序列一旦确定，无需再进行调整，因此煤矿许用电子雷管基本采用固定延期的电子雷管。

7. 隧道专用电子雷管

隧道掘进中，延期时间基本固定，但在局部隧道开挖处或具有降振的要求，或岩层出现变化，要求电子延期雷管的延期时间具有可调性，因此隧道专用电子雷管采用现场编程的电子雷管。

与常规雷管相比，电子雷管具有许多无可比拟的优点。如电子雷管具有良好的抗静电、杂散电流、射频电等各种外来电的固有安全性；雷管起爆时间可以在爆破现场根据需要在数秒时间内任意设置和调整，并且相邻段别的延期间隔时间可以只差几毫秒；电子延期雷管延期精度高，延期时间长，并且延时误差不随延期时间的增加而增加；起爆之前雷管位置和工作状态可反复检查等。

第二节 电力起爆技术

电力起爆法就是利用电能引爆电雷管进而引爆工业炸药的一种起爆方法。电力起爆法所需的器材有电雷管、导线和起爆电源等。

一、电雷管的性能参数

电雷管的性能参数是国家制定的与爆破相关的法规和标准，是生产厂家进行质量检验，用户进行验收，爆破工程技术人员进行电爆网路设计的依据；也是选用起爆电源和检测仪表的重要依据。电雷管的性能参数主要有：电阻、安全电流、发火电流、串联准爆电流和发火冲量等。

（一）电阻

电雷管的电阻就是桥丝电阻与脚线电阻之和，又称全电阻。2m长铁脚线电雷管的全电阻不大于6.3Ω，上下限差值不大于2.0Ω；当采用铜脚线时，其全电阻不大于4.0Ω，上下限差值不大于1.0Ω。

电雷管在使用之前，要用爆破专用仪表逐个测定每个电雷管的阻值，剔除断路、短路和阻值异常的电雷管。

《爆破安全规程》(GB 6722）规定，在同一爆破网路中使用的电雷管应为同厂同型号产品，康铜桥丝雷管的电阻值差不得超过0.3Ω；镍铬桥丝雷管的电阻值差不得超过0.8Ω。测量雷管电阻的目的，不仅仅是为了确切知道每发电雷管的电阻值，还能检查电雷管的产品质量。电雷管的电阻值也是进行电爆网路计算不可缺少的参数。

（二）安全电流

对于某批或某个品种的电雷管，通以恒定的直流电，在5min内不发火的电流称为安全电流。《工业电雷管》(GB 8031—2005）规定电雷管的安全电流不小于0.2A。

安全电流的试验测试方法为：20 发电雷管串联连接，测量串联网路的电阻后，对该组电雷管通以 0.2A 的恒定直流，通电时间为 5min，电雷管均不爆炸为合格。

安全电流是电雷管对电流安全的一个指标。设计爆破专用仪表时，作为选择仪表输出电流的依据。《爆破安全规程》（GB 6722）规定，测量电雷管及电爆网络的爆破仪表，其输出工作电流不得大于 30mA。普通万用电表测量雷管电阻时，表内电流可能大于雷管的最高安全电流，使雷管误爆，所以在测量雷管电阻和网络电阻时，应该用专用的爆破欧姆表。

（三）发火电流

（1）最小发火电流。对于某批或某个品种的电雷管，达到 0.9999 的发火概率所需施加的最小恒定直流电流称为该批或该品种电雷管的最小发火电流。

最小发火电流表示了电雷管对电流的敏感程度，是限定电雷管单发发火电流的重要依据。

（2）单发发火电流。取一发某批或某个品种的电雷管，通以恒定直流电流，能将桥丝加热到必定点燃引火药的最低电流，称为单发发火电流。国家标准规定电雷管的单发发火电流上限不大于 0.45A。单发发火电流的数值是可靠引爆单发电雷管的最小准爆电流。

（四）串联准爆电流

在一批电雷管中，单独对每个雷管通以最小发火电流，它将逐个全部爆炸。

如果将同一批雷管，若干个串联起来，通过调整电源电压使流过网路的电流恰好等于最小发火电流，结果会发现并不是所有串联着的雷管都能爆炸，总会有一些雷管不爆炸。

串联的雷管数目越多，这种不爆的雷管（俗称“丢炮”）也越多。如果将这些丢炮再逐个通入最小发火电流，它们又能引爆。

在串联情况下，当电流通过雷管时，总是最敏感的雷管先得到足够的电能而爆炸，造成串联网路断路，此时，敏感度较低的一些雷管，还没有获得足够的能量来点燃引火药，但由于网路已断开，这些雷管因不能继续获得电能而形成丢炮被遗留下来。

产生上述现象的原因在于电雷管电学性质的不均匀性。就是说，即使是同一批合格产品，由于桥丝电阻、桥丝焊接质量及引火药的物理状态存在着一定的差异，各雷管之间的各项电学特性参数值都不可能完全一样，因而表现为对电流具有不同的敏感度。

试验表明：通过串联网路的电流越大，丢炮就越少，当电流增大至某一数值时，就不再有丢炮。能使规定发数的串联电雷管全部起爆的规定恒定直流电流称为串联准爆电流。

《工业电雷管》（GB 8031—2005）规定：对于串联连接的20发电雷管通以1.2A恒定直流电流，应全部爆炸。其中的1.2A直流电流就是国家标准规定的串联准爆电流，它是选用起爆电源以及进行电爆网路设计的重要依据。

《爆破安全规程》（GB 6722）规定：对于电爆网路，流经每个雷管的电流为：一般爆破，交流电不小于2.5A，直流电不小于2A；大爆破，交流电不小于4A，直流电不小于2.5A。

一发电雷管用一节电池就会引爆，所以在使用时应注意不要与电池、手机、对讲机等带电物体接触，防止误爆或早爆。

二、电爆网路的导线

电爆网路中的导线一般采用绝缘良好的铜线或铝线。在大型电爆网路中，常将导线按其位置和作用划分为：端线、连接线、区域线和主线。

1. 端线

用来加长电雷管脚线，使之能引出炮孔口或药室外的导线称为端线。端线一般采用断面为0.2～0.4mm^2的铜芯塑料皮软线。

2. 连接线

用来连接相邻炮孔或药室的导线，一般采用断面为 1～4mm² 的铜芯或铝芯塑料皮线。

3. 区域线

当同一爆破网路包括几个分区时，连接线与主线的连接导线称为区域线，它一般采用断面稍大于连接线的铜芯或铝芯线。

4. 主线

连接区域线与电源的导线，通常采用断面为 16～150mm² 的铜芯或铝芯线电缆做主线，电缆粗细可根据爆破时雷管用量多少来确定。

浅孔爆破中一般不用端线。当爆区范围较小，不用分区连线时，网路中就没有区域线。

三、电爆网路的连接方式

电爆网路最基本的连接方式有：串联、并联、串并联和并串联等数种。采石场常用串连电爆网路。

(一) 串联电爆网路

将所有要起爆的电雷管的两根脚线或端线依次连接成一串就组成了串联电爆网路（见图 3－7）。

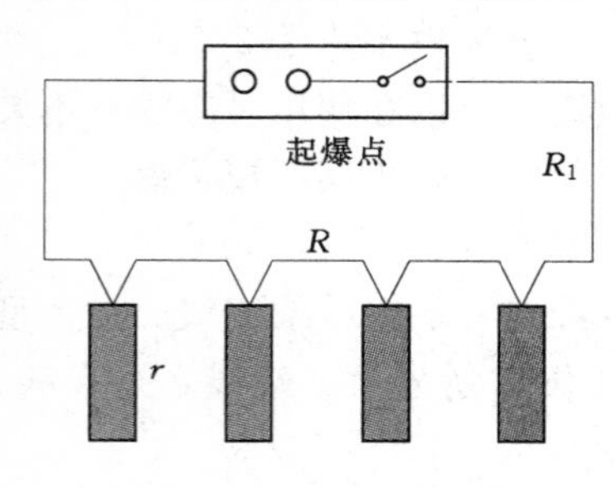

图 3－7　串联电爆网路

这时电爆网路的总电阻 R 为：

$$R=R_1+nr \qquad (3-1)$$

电爆网路总电流为：

$$I=\frac{V}{(R_1+nr)} \qquad (3-2)$$

式中：R_1 为网路导线电阻，Ω；r 为每发电雷管的电阻，Ω；n 为串联电雷管的数目；V 为起爆电源电压，V。

通过电爆网路中每发电雷管的电流 i 为：

$$i = I = \frac{V}{(R_1 + nr)} \quad (3-3)$$

该电流值不应小于准爆电流，即 $i \geqslant I_{准}$。

串联电爆网路施工操作简单方便，连线迅速。用仪表检查也较方便，很容易发现短路、断路故障，也容易找到断路点所在，整个网路所需总电流小，在小规模爆破中，被广泛采用。但是，受起爆电源所限，一次爆破串联电雷管个数不能过多。图 3-8 是在台阶爆破中，用 1 段、3 段、5 段、7 段（MS7）五个段位的毫秒延期电雷管组成的排间延期电爆网路。其中，左图是地表连接示意图，右图是钻孔与装药结构剖面图。

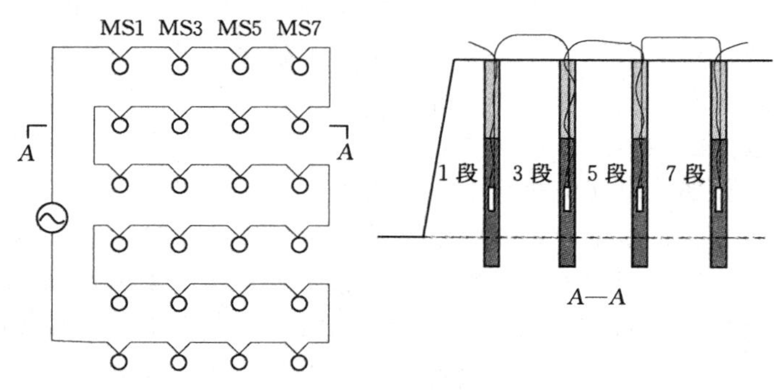

图 3-8　台阶爆破中的串联电爆网路

（二）并联电爆网路

并联电爆网路典型的连接方式如图 3-9 所示，它是将所有要起爆的电雷管两脚线分别连到两股导线上，然后再与电源相连接。这时，并联电爆网路总电阻 R 为：

$$R = R_1 + \frac{r}{m} \quad (3-4)$$

并联电爆网路总电流 I 为：

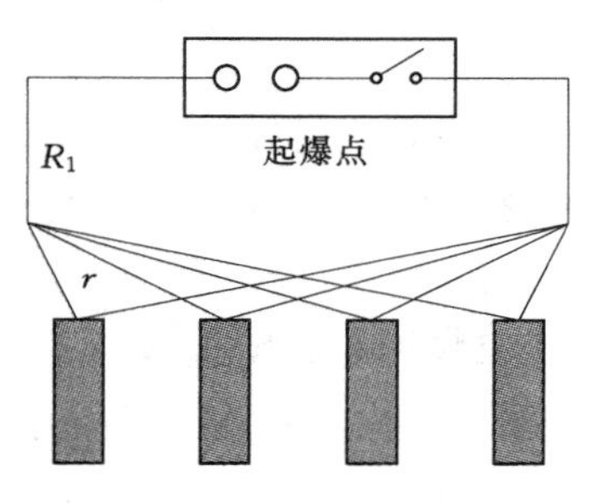

图 3-9　电雷管并联爆破网路连接示意图

$$I=\frac{V}{(R_1+\frac{r}{m})} \quad (3-5)$$

通过每发电雷管的电流 i 为：

$$i=\frac{I}{m} \quad (3-6)$$

式中：m 为网路中并联电雷管的数目；其余符号意义同前。该电流值不得小于准爆电流，即 $i \geqslant I_{准}$。

并联电爆网路的最大优点是同路中每个雷管都能获得较大的电压和电流。在网路中最敏感的引火头最先发火，其他雷管仍然留在网路里，而且得到的电流逐渐增加，只要不被敏感的雷管打断网路，留下的雷管一直有电供给，不会像串联网路那样，敏感雷管先引爆，电路被破坏，钝感雷管拒爆。并联网路也可减少由于电流泄漏而瞎火的可能性，并联网路电阻与漏电电路相比是极小的，大部分电流流过雷管，只有极小部分被漏掉。但并联网路所需的电流强度较大，雷管数量较多时，往往超过电源的容许能量，故一般不用起爆器起爆并联网路。为了使雷管不拒爆，往往要采用多股大断面导线，否则电源能量大部分消耗在爆破线路上。网路敷设后，用仪器检查雷管是否漏接比较困难。

（三）电爆网路计算举例

某一工程爆破，需一次起爆 35 个炮孔，每个炮孔内装一发电阻为 3Ω 的电雷管。拟用串联电爆网路，导线电阻为 5Ω，试问用 220V 的交流电为起爆电源是否能可靠起爆？

【解】 电爆网路的总电阻 R 为：

$$R=R_1+nr=5+35\times 3=110\ (\Omega)$$

电爆网路总电流为：

$$i=I=\frac{V}{R}=\frac{220}{110}=2\ (\text{A})$$

此电爆网路中每发电雷管能得到的电流为 $i=2\text{A}$，小于最小准爆电流 2.5A，显然这不符合规定的准爆条件，所以采用 220V

交流电作为起爆电源不可靠。

为了保证可靠地起爆全部雷管，改用380V交流电为起爆电源，这时每发电雷管能得到的电流为：

$$i=I=\frac{V}{R}=\frac{380}{110}=3.45\ (\text{A})$$

可见，此时 $i>I_{准}=2.5\text{A}$，符合准爆条件，网路连接方式可行。

四、爆破专用仪表

爆破工程中施工常用的爆破专用仪表按其用途可分为三类：网路检测仪表、安全检测仪表、起爆器。

（一）爆破网路检测仪表

爆破网路检测仪表用来检测整个爆破网路中雷管和连接线的连接是否符合设计要求，以便及时发现并修正断路或短路等不良连接现象，从而保证爆破网路可靠起爆。《爆破安全规程》（GB

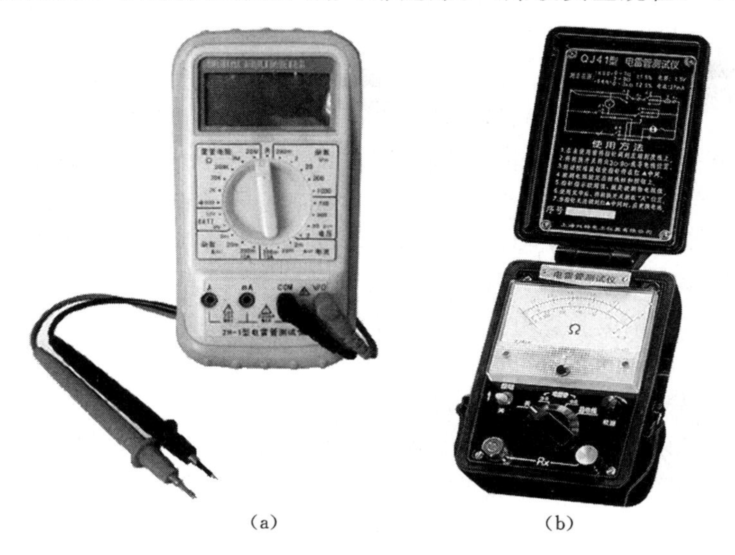

(a)　　(b)

图3-10　电雷管测试仪

(a) ZH-1型电雷管测试仪；(b) QJ41型电雷管测试仪

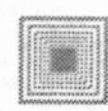

6722）规定必须使用专用的爆破电桥等检测电起爆网路，不得采用普通万用电表等检测电雷管和电起爆网路。其原因是爆破专用仪表有防误操作装置，在任何情况下，其输出电流均小于30mA，在雷管或网路检测过程中不会出现早爆现象，而普通电表不一定满足这一要求。常用的爆破网路检测仪表有以下三种。

1. 数字显示爆破电表

数字显示爆破电表是在数字万用电表基础上增加了防误操作装置的一种爆破网路检测仪表。图 3－10（a）是 2H－1 型电雷管测试仪外形，它具有电雷管和电爆网路电阻的检测功能，杂散电流检测功能，所有读数以数字显示。其特点是读数较精确直观。

2. 爆破线路电桥

简称爆破电桥，又叫电雷管测试仪。如图 3－10（b）所示是 QJ41 型电雷管测试仪的外形，其有效测量范围分为三挡。测量电雷管时用 0～3Ω 和 3～9Ω 挡，读数准确度为±1.5%；检测导线时用 0～3kΩ 挡，读数准确度为±2.5%。导通最大电流不超过 27mA。

3. 爆破欧姆表

爆破欧姆表又叫导通仪或导通器，是一种小型导通仪表。测量原理与普通测电阻的仪表相同，只是工作电流小于 20mA，因此可用来检查电雷管、导线和电爆网路的导通情况及电阻值。爆破欧姆表测量电阻值的精度不高，所以一般只用在小规模爆破和起爆少量电雷管的场合。

凡是测电雷管电阻或网路导线用的仪表，使用时应注意以下几点。

（1）看清出厂说明，按仪表要求进行操作。

（2）使用前检查电池、指针、工作电流、调节螺丝等。

（3）预先校准读数，防止误读、错读。

（4）检测电雷管时，应将雷管放在离测量人员 10m 以外，或有 10cm 以上厚度的挡板后面，如图 3－11 所示。每次检查电雷管的数目不得超过 100 发。

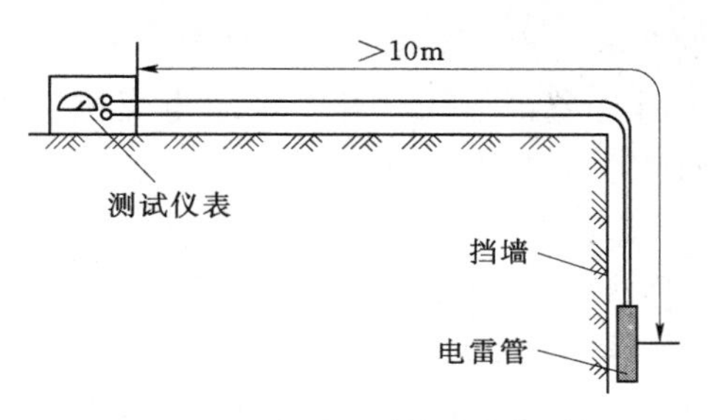

图 3-11 检测电雷管的安全措施

（二）安全检测仪表

对爆破环境和条件进行事先监测，以免爆破施工中出现意外事故（早爆、拒爆）所用的仪器和装置，称为安全检测仪表。安全检测仪表包括杂散电流测定仪、静电仪、最大安全电流与最小准爆电流检测仪。由于杂散电流测定仪较常使用，因而在此作一简单介绍。

杂散电流测定仪原理见图 3-12。在待测点 A、B 间并联上一个相当于一发电雷管电阻的等效电阻 R。电压表用以测出 A、B 两点间电压降 V，然后用欧姆定律 $I=V/R$，算出杂散电流值 I。

杂散电流与工地的电气设备多少和技术保养状态有关。一般是地下工程多于地面工程。特别是随着电气化、自动化施工水平的提高，这种现象越来越突出，直接威胁到电力起爆法的安全性。

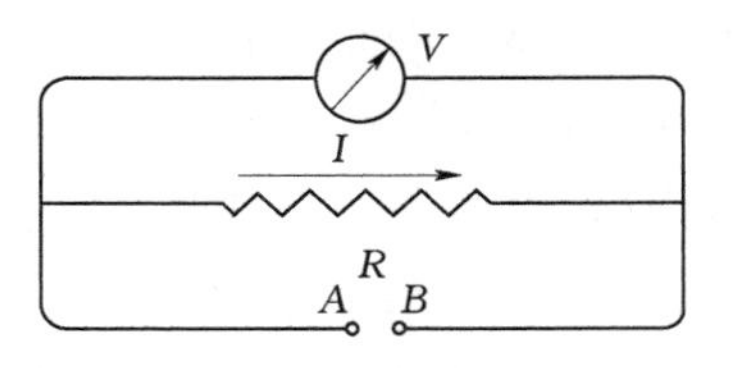

图 3-12 杂散电流测定原理图

V—电压表；R—等效电阻；I—杂散电流；A、B—测杂端点

杂散电流的来源与分布为：直流架线电机车工作时产生的直流杂散电流；电缆外表损伤后出现漏电，可能产生的杂散电流；交流杂散电流一般比较小，但在电气牵引网路为交流电和电源变压器零线接地时，产生的交流杂散电流也足以引爆电雷管；无金

属物体地点的杂散电流，主要是大地自然电流，其值远小于雷管安全电流，而且停电前后无变化。威胁电爆网路安全的杂散电流，主要分布在两个导体之间。

（三）起爆器

起爆器又称放炮器，是给电爆网路通以直流电将其引爆的一种爆破仪表。起爆器种类很多，目前使用较多的是电容式起爆器。

起爆器利用电源使起爆器内的电容充电，然后在起爆开关接通的瞬间向起爆网路放电，从而引爆网路中的电雷管。

根据起爆器的结构、充电电源和输出能力的不同，起爆器有多种型号，表3-8中列出了四种我国生产的起爆器。

表3-8　国产起爆器技术性能表

起爆器型号	串联起爆能力/发	最大外电阻/欧	起爆电压/伏	生产厂家
MFB-50 MFB-100	50 100	450 900	170	抚顺煤炭研究所
MFJ-100	100	900	320	营口无线电二厂
GM-2000	165	680	1900	湘西矿山电子仪器厂

一般应根据以下几点选择起爆器：

(1) 爆破地点的情况。在有瓦斯、煤尘、矿尘爆炸危险的地方进行爆破施工，只准选用防爆型起爆器。

(2) 起爆的雷管数量。一次起爆雷管数量多，采用高能脉冲起爆器。起爆雷管数量少，可以选用小型起爆器。

(3) 起爆的雷管的种类。目前我国生产的电雷管种类很多，除普通的电雷管外，还有抗杂电雷管、抗静电雷管、无起爆药雷管，它们的发火结构及性能与普通电雷管相比都有所不同，在选用起爆器时，应根据它们的特点选用。例如起爆无桥丝抗杂电雷管时应选用高电压起爆器，如BCZX-5040型高能脉冲起爆器；起爆低电阻大电流的抗杂电雷管时，选用大能量的起爆器，如

GM－2000 型高能脉冲起爆器。

(4) 起爆线路的阻抗。如果线路太长，线路压降大，就要考虑由此引起的电压损失，也就是要保证每个雷管的端电压满足准爆电流的要求。

五、电力起爆法的施工

电力起爆法的施工过程包括起爆药包的加工、装药、堵塞；电爆网路的连接、导通、网路检查、电阻平衡、电源检查、通电起爆等工序。

(一) 电爆网路连接

电爆网路的连接只准在爆破工作面装药堵塞全部完成，无关人员已全部撤至安全地段后开始进行。线路的敷设和连接质量好坏直接影响到电爆网路起爆的可靠性。线路接头不牢或接头电阻过大等，常会造成网路内部分雷管拒爆等不良后果。因此，电爆网路的连接要严格按照设计进行，不得任意更改。各段导线敷设前应先将两端短路。连线作业应先从爆破工作面最远端开始，逐段向起爆点后退进行。接线时接头处金属线要保持干净新鲜，拧紧后用绝缘胶布包好。

(二) 电爆网路的检测

电雷管在装入炮孔前应先用爆破欧姆表检测其全电阻，并剔除电阻过大和过小的雷管；电雷管装入炮孔连接成网路之后再用爆破欧姆表进行测量导通，观察其电阻值是否改变。当电阻值很大甚至为无穷大时，说明网路断路不通；当电阻值很小甚至趋近于零时，说明脚线或桥丝短路。导通时应根据设计计算的电阻值逐组、逐段、逐区地进行检测，以检查网路各段的连接质量。发现断路或短路及电阻值超过允许范围时应立即找出原因，排除故障。由于接头等原因而引起实际电阻值与计算值有误差时，其允许误差应在±10%以内，超过此限度就有可能破坏设计的分配电流，甚至造成拒爆或早爆事故。检测不合格的网路，未排除故障前，禁止合闸起爆。

（三）网路的通电起爆

这是电力起爆的关键工序，往往事故就发生在此时。整个网路经过导通检测确认连接合格后，所有人员撤离危险区，各方面检查确认无误后，将主线与起爆器开关连接，爆破负责人下达起爆命令，方可通电起爆。起爆后立即切断电源。

起爆电源应安全可靠，有专人负责保管起爆器或电源开关，并负责操作。照明或动力电作为起爆电源时要装设专用双闸刀开关，且至少要有两道开关。电源在起爆时不准挪作他用。使用三相交流电源时，应注意相间电流平衡和各相同时起爆。

（四）电爆网路施工操作规程

(1) 同一起爆网路，应使用同厂、同批、同型号的电雷管；电雷管的电阻值差不得大于产品说明书的规定。

(2) 电爆网路不应使用裸露导线，不得利用铁轨、钢管、钢丝作爆破线路。电爆网路应与大地绝缘，电爆网路与电源之间应设置中间开关。

(3) 电爆网路的所有导线接头，均应按电工接线法连接，并确保其对外绝缘。在潮湿有水的地区，应避免导线接头接触地面或浸泡在水中。

(4) 起爆电源能量应能保证全部电雷管准爆；流经每个普通电雷管的电流应满足：一般爆破，交流电不小于2.5A，直流电不小于2A；硐室爆破，交流电不小于4A，直流电不小于2.5A。

(5) 电爆网路的导通和电阻值检查，应使用专用导通器和爆破电桥。专用爆破电桥的工作电流应小于30mA。爆破电桥等电气仪表，应每月检查一次。

(6) 用起爆器起爆电爆网路时，应按起爆器说明书的要求连接网路。

(7) 堵塞爆破孔时，应特别注意把起爆药包的脚线顺直，并轻轻拉紧，使它贴在炮孔一侧。这样一方面可避免脚线产生死弯而使芯线折断，另一方面也可减少炮棍捣坏脚线绝缘层的机会。

六、安全与评价

电力起爆法的最大优点是起爆前可以检测电雷管和起爆网路的连接质量，从而保证了网路的可靠起爆。可以一次同时起爆大量雷管；能较准确地控制起爆时间，起爆顺序和延期时间。但电爆网路敷设施工复杂，工序多；在杂散电流、射频电流较高的地方和雷雨季节施工时，危险性较大。

第三节 导爆索起爆技术

导爆索起爆法是指用雷管激发导爆索，通过导爆索的猛炸药芯药传递爆轰并引爆炸药的一种起爆方法。

一、导爆索

导爆索是一种以猛炸药为药芯，用来传递爆轰波的索状火工品。导爆索有普通导爆索、震源导爆索、煤矿许用导爆索、油井导爆索、金属导爆索、切割索和低能导爆索等多种类型。表 3-9 列出了几种不同装药规格的导爆索。

表 3-9 不同装药规格的导爆索

导爆索类型	装药量(g/m)	外径(mm)	爆速(m/s)
低能导爆索 1	2.0～4.0	<4.4	≥5000
低能导爆索 2	5.0～7.0	<4.4	≥5000
低能导爆索 3	8.0～10.0	<5.6	≥5000
普通导爆索	>11	<6	≥6000
1 号岩石爆裂	28±1		≥6000
2 号岩石爆裂	19±1		≥6000
3 号岩石爆裂	11±1		≥6000
4 号岩石爆裂	7～8		≥6000
油井导爆索	18±2	6.0±0.3	≥6800
震源导爆索	38±2.0	<9.5	≥6500

注 岩石爆裂导爆索由云南燃二化工有限公司生产；低能导爆索由贵州久联民用爆破器材发展股份有限公司生产。

工程中常用的是普通导爆索。导爆索适用于一般露天和无沼气、煤尘爆炸危险的爆破作业，其药芯为不少于 11.0g/m 的黑索金或太安炸药。普通导爆索分为两个品种：一种是以棉线、纸条为包缠物，沥青为防潮层的棉线导爆索，其直径不大于 6.2mm，其结构与工业导火索类似；另一种是以化学纤维或棉线、麻线等为内包缠物，外层涂敷热塑性塑料的塑料导爆索，其直径不大于 6.0mm。塑料导爆索更适用于水下爆破作业。

普通导爆索具有突出的传爆性能和稳定的起爆能力，1.5m 长的导爆索能完全起爆一个 200g 的标准压装梯恩梯药块。在＋50℃保温 6h 后或在－40℃冷冻 2h 后，导爆索起爆和传爆性能不变。在承受 500N 静压拉力后，仍保持原有的爆轰性能。棉线导爆索在深度为 1m、水温为 10～25℃的静水中浸 4h 后传爆性能不变；塑料导爆索在水压为 50 千帕、水温为 10～25℃的静水中浸 5h 后传爆性能不变。出厂前，导爆索都要经过耐弯曲性试验，以满足敷设网路时对导爆索进行弯曲、打结的要求。

导爆索的芯药与雷管的主装药都是黑索金或太安，可以把导爆索看作是一个“细长而连续的小号雷管”。导火索喷出的火焰和机械冲击不能可靠地将导爆索引爆，必须使用雷管或起爆药柱、炸药等将其引爆。导爆索可以直接引爆具有雷管感度的炸药，不需在插入炸药的一端连接雷管。

二、导爆索爆破网路

导爆索爆破网路中主线与支线或索段与索段的连接方法有搭结、套结、水手结和三角结等几种。搭结时，两根导爆索重叠的长度不得小于 15cm，中间不得夹有异物和炸药卷，支线传爆方向与主线传爆方向的夹角不得大于 90°。导爆索网路除连接处的套结、水手结外，禁止打结或打圈。交错敷设导爆索时，应在两根导爆索之间放一厚度不小于 10cm 的木垫块。硐室爆破时，导爆索与铵油炸药接触的地方应采取防渗油措施或采用塑料薄膜被覆导爆索。

应在木板上使用锋利刀具切割导爆索，不得使用剪刀剪断导爆索。

导爆索爆破网路常用分段并联和簇并联网路。为提高起爆的可靠度，可以把主导爆索连接为环形网路，但支线和主线都应采用三角形连接。起爆导爆索的雷管应绑紧在距导爆索端部不小于15cm处，雷管的聚能穴应朝向导爆索的传爆方向。

三、网路连接注意事项

（1）导爆索网路敷设的重点是传爆的方向性、走线、雷管连接。

（2）在连接继爆管时，分为单向和双向两种，单向继爆管要分清引爆端和传爆端。

（3）导爆索索芯使用的炸药浸油时会变质，失去爆轰和传爆性能。

（4）在城镇浅孔爆破和拆除爆破中不应使用孔外导爆索起爆。

（5）采用导爆索引爆导爆管网路，应注意使导爆索与导爆管垂直连接，连接形式可采用T形结或绕结。

四、导爆索起爆法的特点

导爆索起爆法主要具有如下优点：

（1）爆破网路设计简单，操作方便，与电力起爆法相比，准备工作量少，不需对爆破网路进行计算。

（2）不受杂散电流、雷电以及其他各种感应电的影响（除非雷电直接击中导爆索）。

（3）起爆准确可靠，能同时起爆多个装药。

（4）不需在药包中连接雷管，在装药和处理盲炮时比较安全。

导爆索起爆法的不足之处主要是：

（1）成本高，噪声大。用这种起爆方法的费用几乎比其他起爆方法高1倍以上。

（2）不能用仪器、仪表对爆破网路进行检查。无法对已经堵塞的炮眼或导洞中导爆索的状态进行准确判断。

（3）在露天爆破时，噪声、空气冲击波较大。不宜在城市拆除爆破中使用。

第四节　导爆管雷管起爆系统

一、导爆管雷管起爆系统

导爆管雷管必须同其他元件配合，才能达到引爆炸药的目的。这些元件和导爆管雷管结合在一起就构成了导爆管起爆系统。导爆管起爆系统由起爆元件、传爆元件和末端工作元件三部分组成。

（一）起爆元件

能够引爆导爆管雷管的器材统称起爆元件。起爆元件可以起爆雷管，在远处引发以导爆管雷管连接的爆破网路。凡能产生强烈冲击波的器材都能引爆导爆管，所以起爆元件的种类很多，如击发枪、击发笔、导爆索、电雷管发爆器配击发针、电雷管等，其中后两种最为常用。

导爆管击发针（见图3－13）是利用起爆器放电，使两金属电极之间产生火花从而引爆导爆管雷管的一种电子击发器件。其使用方法如下：将击发针插入导爆管内2cm，再将击发针两条电线接入爆破母线，爆破母线长度最好控制在150m以内，然后将

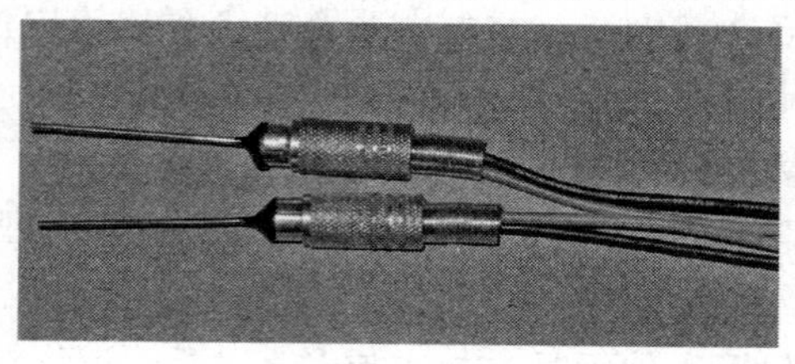

图3－13　导爆管击发针

母线接入起爆器输出端，操作起爆器开关，将充电开关拨入充电挡位，当充电电压达到1000～1500V时，将开关拨至引爆挡位（切勿高电压引爆，防止损坏起爆器内部电子元件）。

导爆管击发针是爆破作业中的易耗配件，用于引爆导爆管雷管。因起爆电压非常高，会对击发针头造成损坏，当击发针无法正常产生火花时可将针头损坏部分剪掉，用磨具将针头打磨平整后可继续使用；当击发针插入导爆管内过短时应更换新的击发针。

（二）传爆元件

传爆元件的作用是将上一段导爆管中产生的爆轰波传递至下一段导爆管。常用的传爆元件有连通管和不同延期时间的导爆管雷管，其中导爆管雷管既是上一段导爆管的末端工作元件，也是下一段导爆管的起爆元件。

连通管是采用聚乙烯制成的双向或单向空心三通或四通连接件（连通管所能连接的导爆管总根数称为“通”数），常用的有分叉式、双向集束式和单向集束式三种。其中单向集束式连通管是利用爆轰波的反射作用原理进行工作的，最为常用的一种为反射式四通（图3-14）。

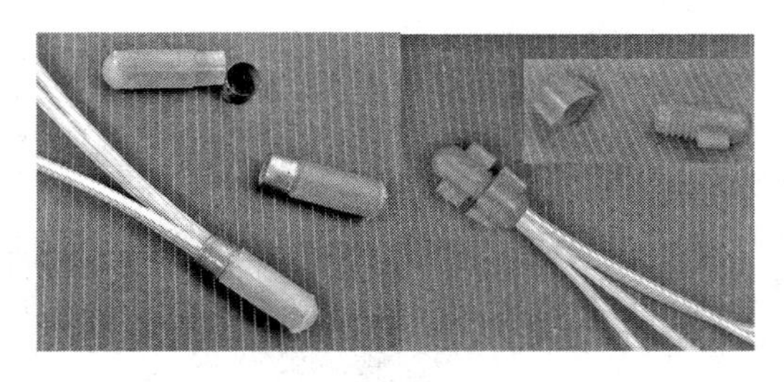

图3-14　反射式四通

1. 反射四通接头

反射四通接头是用注塑方式产品化的帽盖状连接元件，封口端为圆弧状，开口端内侧有四个半圆弧状缺口用作导爆管的插口，外侧有放置缩口金属箍的口沿。使用时将四根导爆管的端头都剪成与轴线垂直的平头，将它们齐头同步插入四通底部。当其

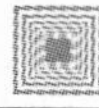

中的一根导爆管被引爆后，产生的爆轰波传递至四通底部的反射腔内，经反射后就会将其余三根导爆管引爆。塑料连通管内无任何炸药成分，无爆炸危险性，可以取代导爆管网路中用做传爆元件的导爆管雷管。由于导爆管外径的生产误差，使用时要加缩口金属箍或者加螺帽才能使四根导爆管牢固地固定在接头中。反射式四通在网路中连接方法见图 3－14。

利用塑料连通管，可以构成各种形式的导爆管雷管爆破网路，一次起爆的炮孔数目不受限制。塑料连通管成本低廉、传爆可靠、使用安全，现已得到广泛的应用。

2. 导爆管雷管传爆元件的连接

用连通管作传爆元件不能实现网路的孔外延期，而用延期导爆管雷管作为传爆元件可实现爆破网路的孔内外延期。

（1）绑扎法。将导爆管用胶布等牢固均匀地捆绑在传爆雷管的周围组成一个传爆点。实验表明：一发 8 号雷管最多可以起爆 50 余根的导爆管，但为了起爆可靠，以每发雷管起爆不超过 20 根导爆管为宜。当然，胶布将传爆雷管与导爆管捆绑在一起较为费时。为提高导爆管雷管传爆元件与导爆管的连接速度，人们设计出如图 3－15 所示的“塑料导爆管连接带”，可一次性连接塑料导爆管 1～20 根，传爆性能稳定可靠，连接施工方便。

（2）连接块法。目前，已有多种将导爆管雷管与导爆管相连的连接块。图 3－16 中的两种连接块均可以方便地将导爆管雷管与 7～8 根导爆管相连接。

图 3－15　塑料导爆管连接带

现在，一些导爆管雷管生产厂家，如西安庆华民用爆破器材股份有限公司，生产一种地表干线雷管（图 3－17）。地表干线

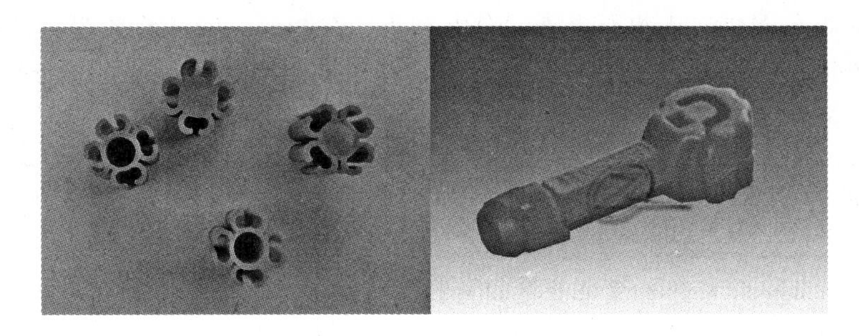

图 3 - 16　导爆管雷管连接块

雷管是一种专为起爆导爆管、导爆索而设计的低能量雷管。地表干线雷管与连接件组合在一起，用于地表网路连接，起爆威力适当，不易损坏爆破网路，元件连接方便可靠。

图 3 - 17　地表干线雷管与连接件

如图 3 - 18 所示，使用连接件进行网路连接时，先将连接件的扣盖打开，逐一将导爆管或导爆索装入凹槽后，卡槽内可容纳

(a)打开连接件

(b)将导爆管放入卡槽

(c)合上扣盖

图 3 - 18　地表干线雷管连接件使用方法

5根导爆管或1根导爆索，合上扣盖，并扣紧。为防止导爆管从塑料连接件的挂钩内脱落，可在连接块外侧导爆管的尾端打结。

（三）末端工作元件

将导爆管与雷管组合装配在一起，形成末端工作元件——导爆管雷管。

二、导爆管雷管爆破网路

（一）导爆管雷管爆破网路的基本形式

导爆管雷管爆破网路可实现大规模的逐孔或逐排爆破技术，并且可通过专用的塑料连接块或延期导爆管雷管，方便快捷地与孔内导爆管雷管连接成孔内外毫秒延期起爆网路。导爆管雷管爆破网路的形式多种多样，下面列举一些基本的网路连接形式。

1. 并联网路

并联式导爆管雷管爆破网路，俗称“一把抓”网路。其连接方法是从数个炮孔内引出的导爆管线汇集在一起，而后均匀地捆绑在孔外连接件或传爆导爆管雷管上，再将连接件或传爆雷管集中捆绑在上一级传爆雷管上，激发最上一级传爆雷管可使整个网路起爆（见图3-19）。为提高网路起爆的可靠度，常在孔外捆绑双发传爆雷管。

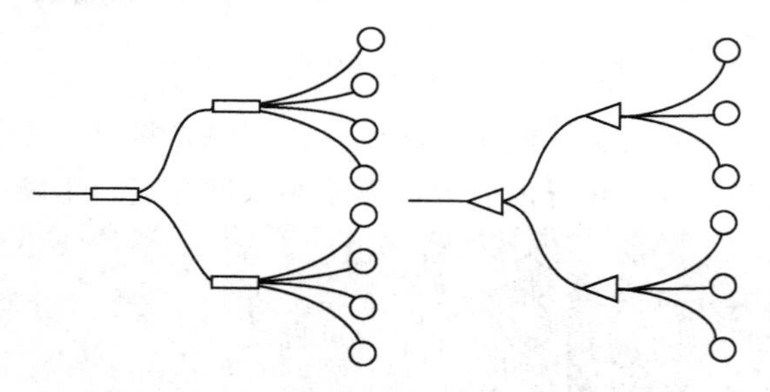

图3-19　并联式非电爆破网路

▭—孔外连接雷管；○—孔内导爆管雷管；◁—孔外连接件

2. 串联网路

孔内雷管的导爆管与孔外的连接件或传爆导爆管雷管成串联

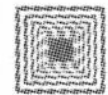

接，就构成了串联爆破网路（图 3－20），其中每个连接件或传爆导爆管雷管可以再连接若干个导爆管雷管。串联爆破网路的网路布置清晰，可以实现逐孔起爆，但连接点多，只要有一个连接点断开，后面的网路就会在此中断传爆。

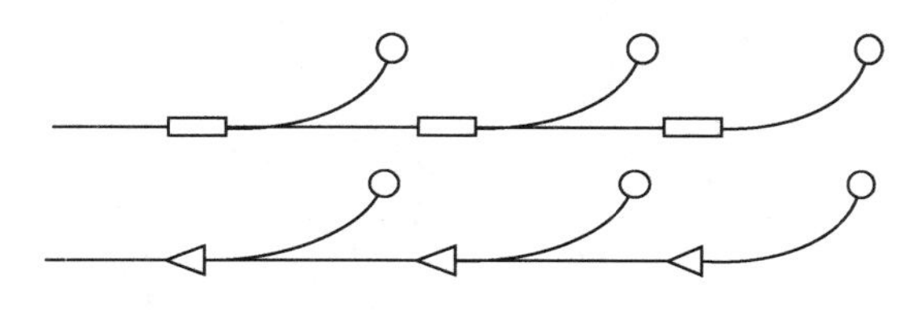

图 3－20　导爆管雷管串联爆破网路

3. 并串联网路

若干个孔内雷管的导爆管端与孔外的连接块或传爆导爆管雷管并联，孔外的连接块或传爆导爆管雷管端依次成串联网路，就形成了导爆管雷管的并串联网路（图 3－21）。并串联网路具有并联网路和串联网路的共同优点。通常，孔内采用高段位孔外用低段位导爆管雷管，形成孔内外延期爆破网路。

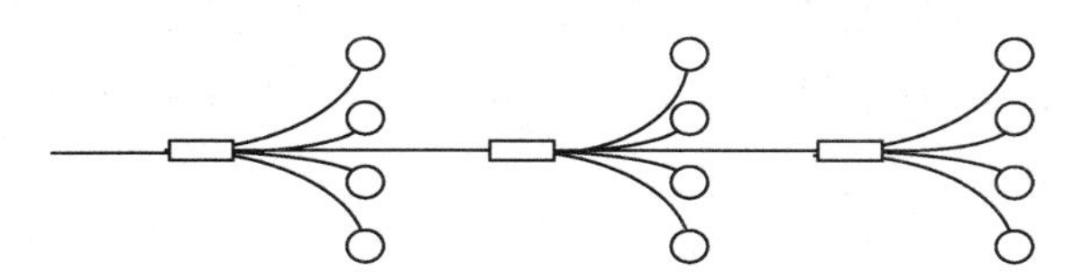

图 3－21　导爆管雷管并串联爆破网路

4. 复式爆破网路

为提高网路传爆可靠性，经常在每个炮孔（药包）内放置两发雷管，炮孔内双发雷管分别与孔外连接块或传爆雷管相连，组成两套相互独立的爆破网路，这两套爆破网路组合在一起就构成了导爆管雷管复式爆破网路（图 3－22）。

（二）爆破网路敷设应注意的问题

（1）导爆管一旦被截断，端头一定要密封，以防止受潮、进

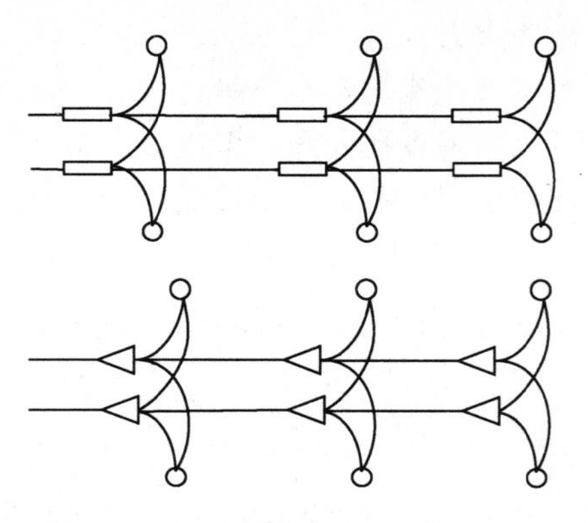

图 3-22　导爆管雷管复式爆破网路

水及其他小颗粒堵塞管腔，可用火柴烧熔导爆管端头，然后用手捏紧即可。使用时，端头剪去约 10 cm，防止端头密封不严失效。

(2) 如导爆管需接长时，首先将导爆管密封头剪掉，然后将两根导爆管插入塑料套管中同心相对，并在套管外用胶布绑紧。

(3) 导爆管雷管在使用前必须进行外观检查。发现导爆管破裂、折断、压扁、变形或管腔存留异物，均应剪断去掉，然后用套管对接。

(4) 导爆管雷管网路中不得有死结，孔内不得有接头，孔外传爆雷管之间应留有足够的间距。

(5) 孔外传爆雷管应捆绑在距导爆管端头大于 10cm 的位置，导爆管应均匀地敷设在雷管周围，并用胶布等捆扎牢固。通常，一发孔外传爆雷管捆绑的导爆管的根数不宜超过 20 根，具体数目依雷管的相应起爆能力而定。

(6) 对于底部没有聚能穴的导爆管雷管，从起爆和传爆强度的角度考虑，雷管正向绑扎，正向起爆比反向起爆更合理。但是，对于底部有聚能穴的雷管，如果采用正向绑扎，聚能穴射流有可能炸断导爆管从而发生断爆现象。

(7) 敷设导爆管雷管爆破网路时，炮孔内应用高段位雷管，孔外连接雷管应选用低段位雷管。

(8) 安装传爆雷管和起爆雷管之前，应停止爆破区域一切与网路敷设无关的施工作业，无关人员必须撤离爆破区域，以防止意外触发传爆雷管使网路早爆。

三、导爆管起爆系统的特点

(一) 导爆管起爆系统的优点

导爆管起爆系统具有以下优点：

(1) 不受杂散电流及各种感应电流的影响，适合于杂散电流较大的露天或地下矿山爆破作业。

(2) 爆破网路的设计、操作简便，不需进行网路计算。

(3) 导爆管储运方便、安全。导爆管雷管可以在现场自行加工，简单易行，成本低廉。

(4) 可以同时起爆的炮孔或装药的数量不受限制，既可用于小型爆破，也适用于大型的深孔爆破、硐室爆破。

广泛应用于采矿、开凿隧道、筑路架桥、兴修水利、定向爆破等各项工程爆破。

(二) 导爆管起爆系统的缺点

导爆管起爆系统尚具有以下不足：

(1) 导爆管雷管及爆破网路无法用仪表进行检查，只能凭外观检查网路的质量情况。

(2) 导爆管雷管爆破网路不可在有沼气、煤尘或其他可燃矿尘爆炸危险的环境中使用。

第四章 爆破技术基础知识

爆破是岩石破碎，特别是硬岩破碎的主要手段。要获得良好的爆破效果，必须了解炸药在岩体内爆炸后的破岩机理和影响爆破效果的主要因素，掌握爆破的基本理论和基本方法。

第一节 爆破作用原理

工程爆破中，在炸药爆炸能作用下岩石的破碎过程是一个非常复杂的过程。由于岩石的非均质性，炸药爆炸反应的高温、高压、高速度特性以及岩石与炸药两者相互作用的复杂性，人们至今对于岩石爆破破坏机理了解得仍然不够，目前只能通过一些假说来解释。

一、爆破的内部作用

当埋置在深处的药包爆炸时，其爆破作用只局限在地面以下，这种爆破叫做药包的内部作用。

假设埋药包形状为球形或接近球形，岩石是均质体。炸药爆炸后，爆轰波和爆轰气体产物作用在孔壁上，在药包周围的岩体中激起应力波，使岩石遭受到不同程度的破坏。在岩石中形成以炸药为中心的由近及远的不同的破坏区域，分别称为粉碎区、破裂区和振动区（图 4-1）。

（一）粉碎区

药包在岩体内爆炸后，其周围岩体在超高压冲击荷载的作用下，呈塑性或流动状态。对于药包近区坚硬的脆性岩体，将被粉碎成细微的颗粒，原炮孔扩大成空腔；对于药包近区的塑性岩体，则被压缩成致密的、坚固的硬壳空腔；由于岩体受到强烈的三向压缩作用，岩体结构产生了粉碎性破坏，故称为粉碎区。

在粉碎区内，爆炸能量消耗很大，爆破作用力急剧衰减，所以，粉碎区的范围很小，其半径一般不超过药包半径的 2～3 倍。

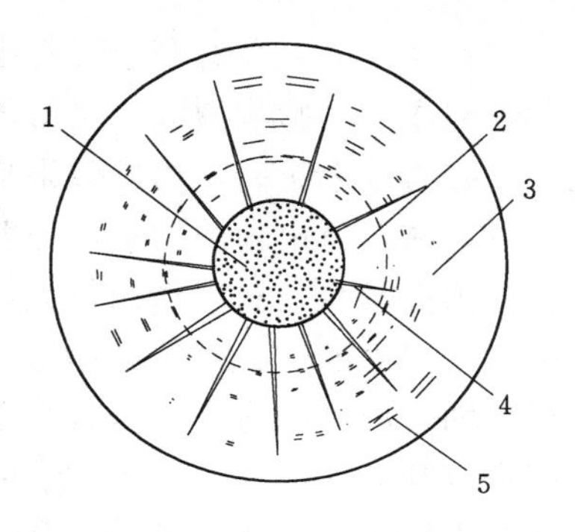

图 4－1　爆破的内部作用
1—药包；2—压缩圈；3—破裂圈；4—径向裂隙；5—环向裂隙

（二）破裂区

围绕在压缩粉碎区以外附近的岩石，虽然受到的爆炸作用力较压缩圈中的岩石小得多，但岩石受到结构性破坏，生成纵横交错的裂隙，岩体被割裂成块，此范围叫做破裂区。破裂区的范围大约为药包半径的 8～10 倍。

（三）振动区

在破裂区以外的范围内，爆破作用力已衰减到不能使岩石的结构产生破坏，而只能引起岩石颗粒产生弹性振动。这一区叫做振动区，振动区的范围很大，直到爆破作用力完全被岩体所吸收时为止。

二、爆破的外部作用

当药包埋置深度不大，接近地表时，药包爆破后除了使岩石产生内部的破坏作用外，在地表也显现出破坏作用，这种爆破现象叫做爆破的外部作用。绝大多数工程爆破都是属于这种爆破作用。有关爆破外部作用的术语分述如下。

（一）自由面

自由面又叫临空面，通常是指被爆岩石与空气的交界面、也是对爆破作用能发生影响并能使爆后岩石发生移动的那个岩面。

自由面的存在有利于岩石破碎。其中，自由面的大小和数目对爆破作用的影响最大。自由面大，自由面多，爆破夹制作用越小，破岩效率越高，爆破效果也越好。当岩石性质、炸药品种相同时，随着自由面的增多，炸药单耗明显降低。相反，自由面小和自由面数少，夹制作用变大，爆破困难，炸药单耗增高。

自由面的位置对爆破作用也产生影响。炮孔中的装药在自由面上的投影面积愈大，愈有利于爆炸应力波的反射，对岩石的破碎愈有利。如图 4－2（a）所示，炮孔方向垂直于自由面，装药在自由面上的投影面积小，因而爆破效果最差；在图 4－2（b）中，炮孔与自由面斜交布置，装药在自由面上的投影面积变大，爆破破碎范围也比图 4－2（a）的炮孔大；而图 4－2（c）的炮孔方向与自由面平行，装药在自由面上的投影面积最大，所以爆破效果也最好。

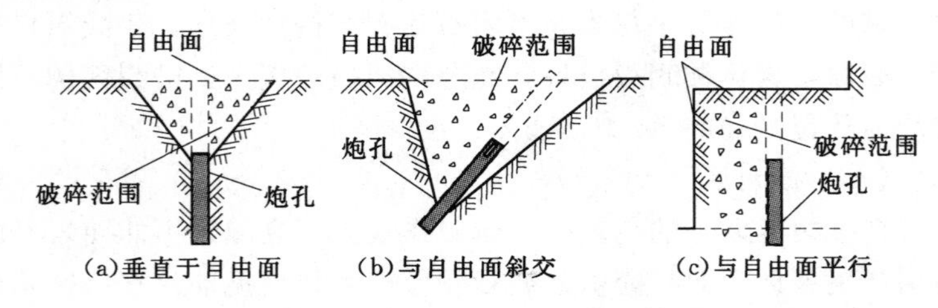

图 4－2　炮孔方向与自由面的关系

（二）最小抵抗线

最小抵抗线是指爆破时岩石产生抵抗力（阻力）最小的方向。工程爆破中，通常将药包中心或重心到其最近自由面的最短距离，称为最小抵抗线，用 W 表示（图 4－3）。在露天台阶爆破中，为了克服台阶底部较大的阻力，常采用底盘抵抗线 W_1 来表示［图 4－3（b）］。

最小抵抗线是工程爆破中的一个重要参数，对它选取得是否合理，将影响到爆破的各项重要指标。由于它代表了爆破时岩石阻力最小的方向，所以在此方向上岩石运动速度最高。最小抵抗

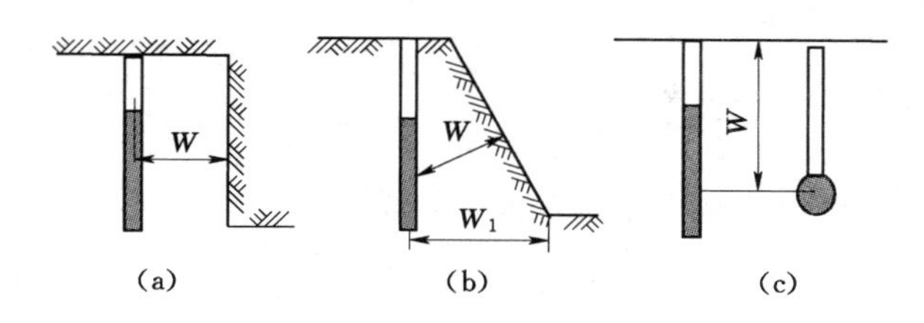

图 4－3　最小抵抗线

线是爆破作用的主导方向，也是抛掷作用或飞石飞散的主要方向。

（三）爆破漏斗

将球形药包埋在一个水平自由面下的岩石中爆破时，如果埋置深度合适，则爆破后将会在岩石中由药包中心到自由面形成一个倒圆锥体的爆破坑，这个坑就叫做爆破漏斗，如图 4－4 所示。爆破漏斗是由下列一些要素构成的：

(1) 爆破漏斗半径 r。表示爆破破坏在自由面上范围的大小。

(2) 最小抵抗线 W。在自由面为水平的情况下，它就是药包的埋置深度。

(3) 漏斗破裂半径 R。爆破漏斗的侧边线长，表示爆破作用在自由面以下的破坏范围。

(4) 漏斗可见深度 P。药包爆破后，一部分岩块被抛掷到漏斗以外，一部分又回落到漏斗内，形成一个可见漏斗。从自由面到漏斗内岩块堆积表面的最大深度，就叫做漏斗可见深度。

(5) 漏斗张开角 θ。即爆破漏斗的锥角，它表示漏斗的张开程度。

（四）爆破作用指数 n 及爆破漏斗的分类

在岩石性质和爆破条件一定，当装药量不变而改变药包的埋置深度，或药包埋置深度固定不变而改变装药量时，爆破漏斗的尺寸和爆破作用性质均会发生变化。这种变化可用爆破漏斗底圆

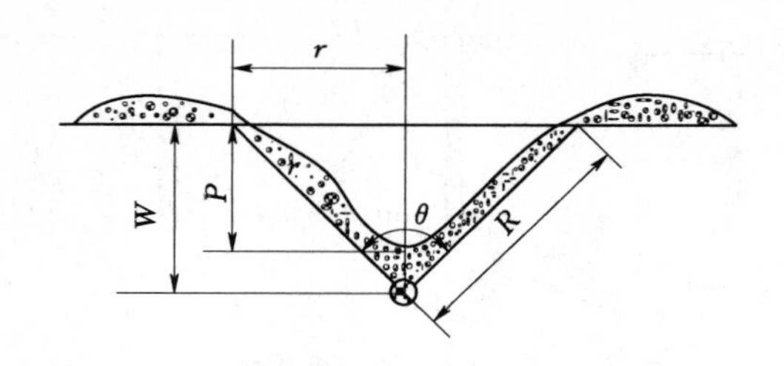

图 4-4　爆破漏斗及其构成要素

r—漏斗半径；W—最小抵抗线；R—漏斗破裂半径；

P—漏斗可见深度；θ—漏斗张开角

半径 r 与最小抵抗线 W 的比值来表征，此比值称为爆破作用指数，用 n 表示，即 $n = r/W$。当 n 发生变化时，爆破的作用性质、爆破漏斗的大小、岩块的抛掷量和抛掷距离都将发生变化。所以，根据 n 的不同，可将爆破作用性质和爆破漏斗进行如下分类（图 4-5）。

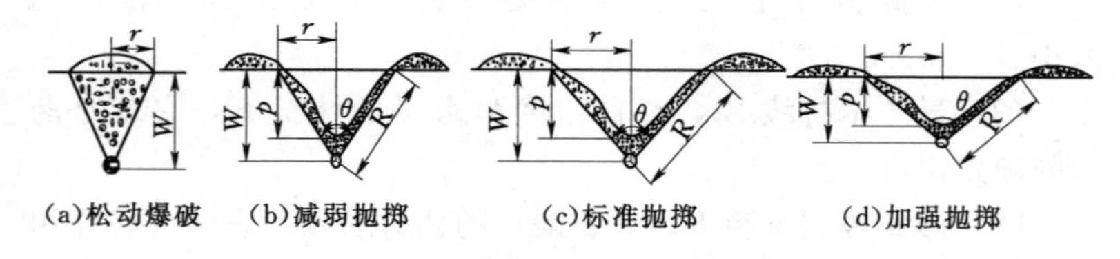

图 4-5　各种爆破漏斗

1. 松动爆破漏斗

当爆破作用指数 n 在 0.4～0.75 的范围内时，药包爆破后只是使漏斗范围内的岩石破碎，基本上没有抛掷作用，地表上只看到鼓包现象，而看不到爆破漏斗，这样的漏斗称为松动爆破漏斗，其爆破作用叫做松动爆破［图 4-5（a)］。松动爆破由于装药量较小，爆堆比较集中，几乎不产生飞石，因此在工程爆破中，使用比较广泛。

2. 减弱抛掷爆破漏斗

当 $0.75 < n < 1$ 时，药包爆破后所形成的漏斗的底圆半径 r

小于最小抵抗线 W，漏斗张开角 θ 也小于 90°，漏斗范围的岩石遭受到破坏，而且有少部分岩块被抛掷到漏斗以外，出现深度不大的漏斗坑。这种漏斗称为减弱抛掷漏斗，或加强松动爆破漏斗[图 4－5 (b)]，其爆破作用叫做减弱抛掷爆破或加强松动爆破。

3. 标准抛掷爆破漏斗

当爆破作用指数 $n=1$ 时，药包爆破后即可形成标准抛掷爆破漏斗。此时，漏斗中的岩石不仅全部被破碎，而且有相当数量的岩块被抛掷到漏斗以外，出现了明显的漏斗坑，且漏斗半径 r 等于最小抵抗线 W，漏斗张开角等于 90°，形成这种标准抛掷爆破漏斗的爆破作用，称为标准抛掷爆破[图 4－5 (c)]。

4. 加强抛掷爆破漏斗

当 $1<n<3$ 时，药包爆破后，漏斗中的大部分岩块将被抛掷到漏斗以外，所形成的漏斗半径 r 大于最小抵抗线 W，漏斗张开角 θ 也大于 90°，这种漏斗称为加强抛掷爆破漏斗[图 4－5 (d)]，形成这种漏斗的爆破作用叫做加强抛掷爆破。

由上述可见，爆破作用指数 n 表征着爆破作用的性质，因此在工程爆破中，可通过选择适宜的 n 值来控制爆破作用的性质，从而达到预期的爆破目的。例如在劈山筑坝、开挖沟堑和移山平地等工程爆破中，可采用爆破作用指数 $n>1$ 的加强抛掷爆破，以便尽可能将破碎后的岩块抛掷到一定距离以外，减少搬运工作量。在一定范围内 n 值愈大，抛掷方量愈多，抛掷距离也愈大。至于矿山生产、硐室掘进中，一般多采用加强松动爆破，这时可选用 $0.75<n<1$。在城市拆除爆破中，为防止爆破飞石及其他危害，常采用 $n=0.4\sim0.75$ 的松动爆破。

第二节　影响爆破效果的主要因素

一、对工程爆破的基本要求

通常，工程爆破应满足以下基本要求：

（1）对于巷道掘进爆破，要按设计要求爆破岩石，既要避免欠挖或超挖，又要使保留部分的岩体不受损伤。

（2）对于台阶爆破，爆破块度要均匀，大块率要低，块度级配要适宜，减少二次破碎的工作量，爆堆要比较集中，以便提高铲装效率。

（3）要提高炸药能量的利用率，炸药单耗要小，爆破成本要低。

（4）要保证爆破作业与环境安全，把爆破地震、飞石等爆破公害限制在允许范围以内。

总之，对于任何一项爆破工程来说，不仅要达到预期的破岩效果，还要做到安全上可靠和经济上合理。

二、影响爆破效果的主要因素

要想达到预期的爆破效果，就必须对影响爆破的各因素做出正确分析。这些因素是：炸药性能和装药结构；爆破方法、爆破参数与爆破工艺；岩石的性质与构造。

（一）炸药性能

对爆破效果有影响的炸药性能参数主要有：炸药爆速和装药密度等。有关这方面的内容参见本书第二章。

（二）药包几何形状

常用的药包形状有集中药包和延长药包两类。

延长药包是相对于集中药包而言的，当药包的长度与它的横截面的直径（或方形截面的边长）之比值大于某一值时（一般不小于15），就叫做延长药包。

延长药包爆破时，由于它的几何形状的特征，其冲击能量主要集中在径向上，而在轴向上能量分布较少。延长药包特别适合于台阶钻孔爆破。

集中药包又名球形药包，其长度与直径的尺寸相差不大，一般不超过6倍。集中药包爆破时，其爆炸能量在各个方向上的分布较均匀，可呈同心球状多向传播。这对于降低炸药单耗和改善

爆破矿岩的块度都是有利的。球状药包特别适合硐室爆破。

在工程爆破中，应根据不同的爆破目的，采用不同几何形状的药包，以期达到最佳爆破效果。

（三）装药结构

常用的装药结构有两种，一种是密实装药结构，一种是空气间隔装药结构。不同的装药结构可改变炸药爆炸后作用于炮孔壁上的峰值压力和作用时间，从而引起爆破效果的变化。

密实装药结构有利岩石的破碎，是爆破工程中常用装药方式。空气间隔装药可以减弱炸药爆炸后作用于孔壁上的峰值压力，延长爆轰气体压力作用时间。如图 4－6 所示，空气间隔装药有轴向空气间隔装药［图 4－6（a）］和环向空气间隔装药［图 4－6（b）］两种。空气间隔装药可有效地降低炮孔周围岩石的破坏范围，有利于围岩的稳定，因此常用于光面爆破和预裂爆破工程中。

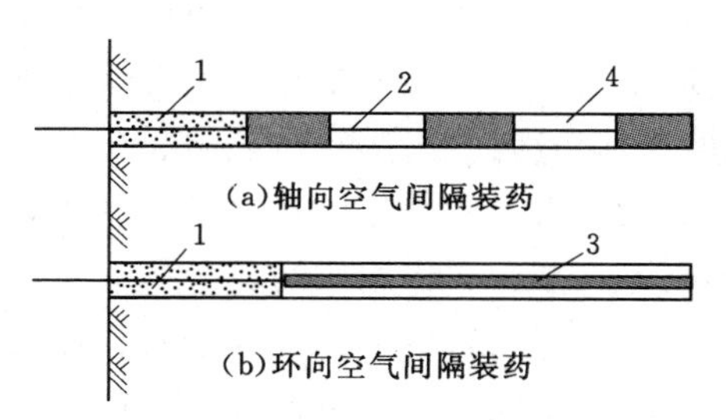

图 4－6　不耦合装药结构

1—堵塞物；2—导爆索；3—炸药；4—空气

（四）起爆药卷位置

起爆药卷在炮孔装药内的位置见图 4－7。传统的做法是把起爆药卷放在孔口部位第二个药卷的位置上［图 4－7（b）］，这样操作方便，节省起爆器材。

起爆药卷的位置决定着炮孔中装药起爆后爆破作用的传递方向、炮孔中爆生气体的作用时间，所以，它对爆破作用及其效果

是有影响的。试验表明，当岩石性质相同时，底部反向起爆效果最好［图 4－7（d）］，而孔口正向起爆效果最差［图 4－7（a）］。

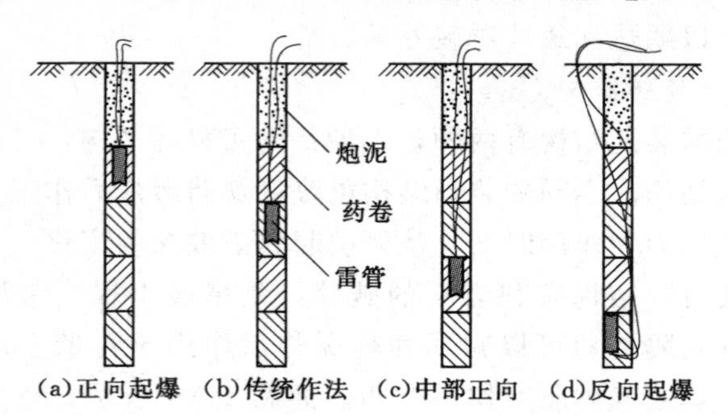

图 4－7　起爆药卷在炮孔中的位置

孔底反向起爆能增强炮孔中爆炸气体的膨胀推力的作用，加强孔底爆炸气体的作用力和作用时间。孔底反向起爆时，炸药一旦起爆，孔底立即受到爆炸气体的推力作用，孔口尚未爆炸的炸药则起到类似炮泥的作用，加强阻止爆生气体的过早扩散，从而保证了作用力和作用时间。采用孔口正向起爆时，先爆炮孔的爆生气体从孔口扩散的阻力最小，容易过早地冲掉炮泥而逸散，从而降低了作用压力，减少了作用时间。

在软岩和裂隙发育的岩石中进行爆破时。孔底反向起爆可以避免相邻炮孔间的“带炮”及孔底留残药的现象。

孔底反向起爆效果本身也受到许多因素影响。一般，所用炸药的爆速愈低，炮孔堵塞质量愈差时，孔底反向起爆改善爆破效果愈明显。

（五）岩石性质及地质构造

不同的岩石，可爆性不同，爆破时应选用不同的炸药单耗，以获得较好的爆破效果。

从地质条件方面讲，构造上非均质的岩石常会使爆破作用减弱，明显的裂隙能够阻止爆破能量的传播使破坏范围受限。地质

结构面对爆破也有不同程度的影响，大致表现在：改变抵抗线的方向，造成超挖或欠挖；引起冲炮，造成爆破事故；降低爆破威力，影响爆破效果；影响爆落矿岩块度的均匀性，有的地方岩石过度粉碎，有的地方岩石出现大块甚至没有松动；影响爆破施工，造成施工安全事故；影响爆破后边坡的稳定等。不过节理、裂隙的存在，也有利于岩石沿着这些弱面破裂。

（六）爆破参数

爆破参数主要指炸药单耗、装药量、炮孔的间距、排距以及最小抵抗线等。爆破参数确定得是否合理，将直接影响爆破效果，关于这方面的内容将在本书后几章中详细阐述。

第五章　台阶爆破

台阶爆破是工作面以台阶形式推进的爆破方法。根据孔深和孔径的不同，可将台阶爆破分为深孔台阶爆破和浅孔台阶爆破。《爆破安全规程》（GB 6722）中规定：炮孔直径大于50mm，深度大于5m的台阶爆破作业称为深孔台阶爆破；炮孔直径小于或等于50mm，深度小于或等于5m的台阶爆破作业称为浅孔台阶爆破。

第一节　深孔台阶爆破

深孔台阶爆破广泛地应用于矿山、铁路、公路和水利水电工程。据不完全统计，我国近年来采用台阶爆破进行露天开采的比重逐年增加，其中铁矿石开采占90%，有色金属矿石开采占52%，化工原料开采占70.7%，建筑材料开采接近100%。

一、深孔台阶爆破设计

（一）台阶要素

深孔爆破的台阶要素如图5-1所示。H为台阶高度；W_1为前排钻孔底盘抵抗线；W为炮孔最小抵抗线；h为超钻深度；L为钻孔深度；L_2为装药段长度；L_1为堵塞段长度；a为炮孔间距；b为炮孔排距；B为台阶上眉线至前排钻孔的距离。为了获得较好的台阶爆破效果，必须合理、正确地确定上述各项台阶要素。

（二）钻孔形式

深孔爆破的钻孔形式一般分为垂直钻孔和倾斜钻孔两种，如图5-2所示。只在个别情况下采用水平钻孔。

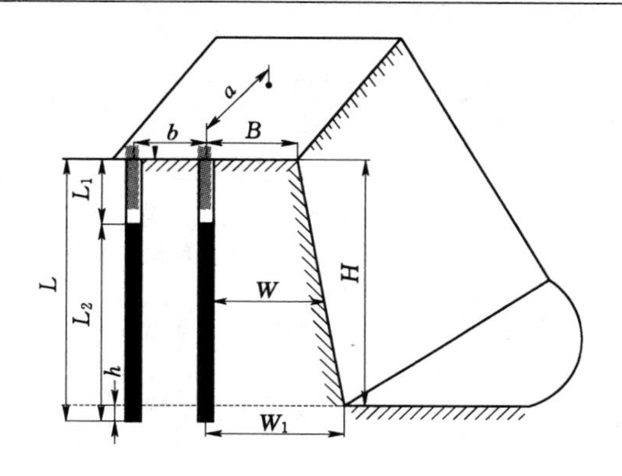

图 5－1　台阶要素图

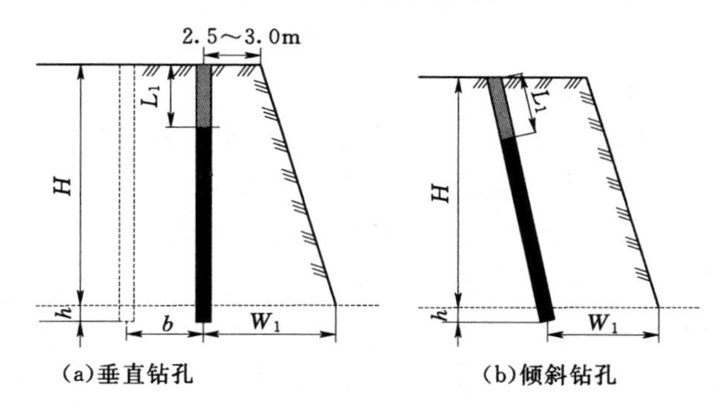

图 5－2　深孔爆破钻孔形式

垂直深孔和倾斜深孔的使用条件和优缺点列于表 5－1。

表 5－1　　垂直深孔和倾斜深孔比较

深孔布置形式	采用情况	优　点	缺　点
垂直深孔	在开采工程中大量采用，特别是大型矿山	(1) 适用于各种地质条件（含坚硬岩石）的深孔爆破； (2) 钻凿垂直深孔的操作技术比倾斜孔简单； (3) 钻孔速度比较快	(1) 爆破岩石大块率较多，根坎多； (2) 梯段顶部常出现裂缝，梯段坡面稳固性较差

续表

深孔布置形式	采用情况	优　点	缺　点
倾斜深孔	中小型矿山、石材开采、建筑、水电、道路、港湾及软岩开挖工程	(1) 布置的抵抗线比较均匀，爆破破碎的岩石大块率少和残留根坎少； (2) 梯段比较稳固，梯段坡面容易保持； (3) 爆破软质岩石时，破岩效率高； (4) 爆堆形状比较好，而爆破质量并不降低	(1) 钻凿倾斜孔的操作比较复杂，容易发生钻凿事故； (2) 在坚硬岩石中不宜采用； (3) 钻凿倾斜深孔的速度比垂直深孔慢

(三) 布孔方式

布孔方式有单排布孔和多排布孔两种。多排布孔又分为方形、矩形及三角形（梅花形）三种，如图 5-3 所示。方形布孔具有相等的孔间距和抵抗线，各排对应炮孔呈竖直线排列。

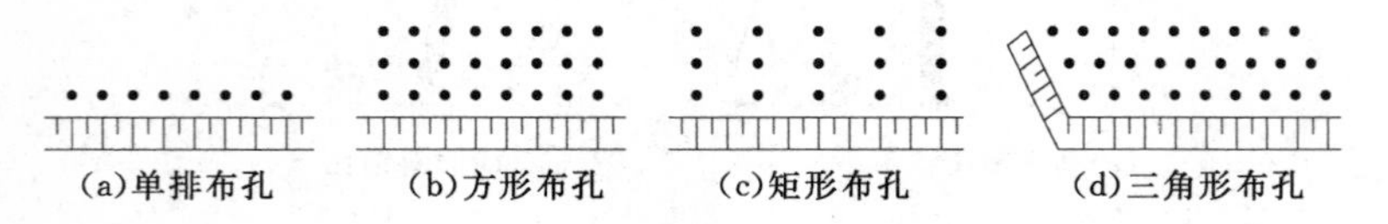

图 5-3　深孔布孔方式

(四) 深孔台阶爆破参数

深孔台阶爆破参数包括：孔径、孔深、超深、底盘抵抗线、孔距、排距、堵塞长度和单位炸药消耗量等。

1. 钻孔直径 d

钻孔直径需根据工程量、施工进度、钻机类型等情况加以确定。石方工程中，采用钻头直径为 $\Phi76 \sim 150\text{mm}$ 的钻机较为合适。

2. 台阶高度 H

台阶高度需根据施工地形地质条件、开挖量与生产进度、机

械设备铲装效率与技术经济指标、施工安全要求等加以选择。

实践经验表明：台阶高度 H 以 8～15m 为佳。此高度为一般钻机的最佳钻孔深度，钻孔效率高、成孔率高；爆破后的爆堆高度，便于挖掘机械开挖。

3. 底盘抵抗线 W_1

底盘抵抗线 W_1 是指炮孔底部中心至台阶底脚（或称坡底线）的水平距离，底盘抵抗线的大小与钻孔直径、岩石性质、炸药威力、台阶高度、台阶坡面角等因素有关。

深孔台阶爆破时，底盘抵抗线 W_1 可按下式计算：

$$W_1=(30\sim43)d$$

式中：W_1 为底盘抵抗线，m；d 为钻孔直径，m。

最小抵抗线 W 是指炮孔至临空面的垂直距离，最小抵抗线 W 可按下式计算：

$$W=(30\sim40)d$$

式中：W 为最小抵抗线，m；其余符号意义同上。

岩石坚硬时抵抗线取小值，反之取大值。

4. 孔距 a

孔距 a 可按下式计算：

$$a=mW$$

$$a=(30\sim50)d$$

式中：a 为孔距，m；m 为炮孔密集系数，一般取 $m=1\sim1.25$；其余符号意义同上。

5. 排距 b

对于多排齐发爆破，排距 b 按下式计算：

$$b=(0.9\sim1.0)W$$

$$b=(27\sim40)d$$

对于多排毫秒延时爆破，排距 b 按下式计算：

$$b=W$$

$$b=(30\sim40)d$$

式中：b 为排距，m；其余符号意义同上。

6. 超深 h

超深的目的是为了克服台阶爆破底板的夹制作用，使爆破后不留底坎。

超深 h 一般按下式计算：

$$h=(0.15\sim0.35)W$$

$$h=(8\sim15)d$$

式中：h 为超深，m；其余符号意义同上。

超深主要取决于岩石的可爆性。岩石坚硬、结构面不发育，超深取大值，反之取小值。

7. 孔深 L

对于垂直孔，孔深按下式计算：

$$L=H+h$$

对于倾斜孔倾角为 β，孔深按下式计算：

$$L=(H+h)\sin\beta$$

式中：L 为炮孔深度，m；β 为倾斜孔倾角；其余符号意义同上。

8. 堵塞长度 L_1

堵塞长度可按下式计算：

$$L_1=(0.75\sim1.0)W$$

$$L_1=(23\sim40)d$$

式中：L_1 为堵塞长度，m；其余符号意义同上。

9. 炸药单耗 q

炸药单耗是指每破碎 $1m^3$ 岩石所需炸药量，与岩石性质、破碎块度、抛掷距离等因素有关。中硬岩石一般取 $q=0.3\sim0.45kg/m^3$；坚硬岩石一般取 $q=0.45\sim0.65kg/m^3$。

10. 单孔装药量 Q

有临空面的首排孔的单孔药量按下式计算：

$$Q=qaHW_1$$

后排孔的单孔药量按下式计算：

$$Q=qabH$$

式中：Q为单孔装药量，kg；其余符号意义同上。

（五）装药结构

装药结构是指炸药在装填时的状态。在深孔爆破中，分为连续装药结构，分段装药结构，孔底间隔装药结构和混合装药结构。

1．连续装药结构

炸药沿着炮孔轴向方向连续装填，当孔深超过8m时，一般布置两个起爆药包（弹），一个放置距孔底0.3～0.5m处，另一个置于药柱顶端0.5m处。优点是操作简单；缺点是药柱偏低，在孔口未装药部分易产生大块。

2．分段装药结构

将深孔中的药柱分为若干段，用空气、岩碴或水隔开（如图5－4所示）。优点是提高了装药高度，减少了孔口部位大块率的产生；缺点是施工麻烦。

3．孔底间隔装药结构

在深孔底部留出一段长度不装药，以空气作为间隔介质；此外尚有水间隔和柔性材料间隔。在孔底实行空气间隔装药亦称孔底气垫装药（如图5－5所示）。

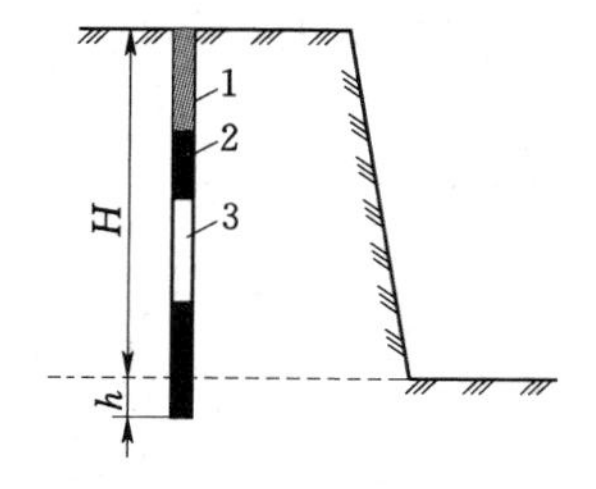

图5－4 空气分段装药

1—填塞；2—炸药；3—空气

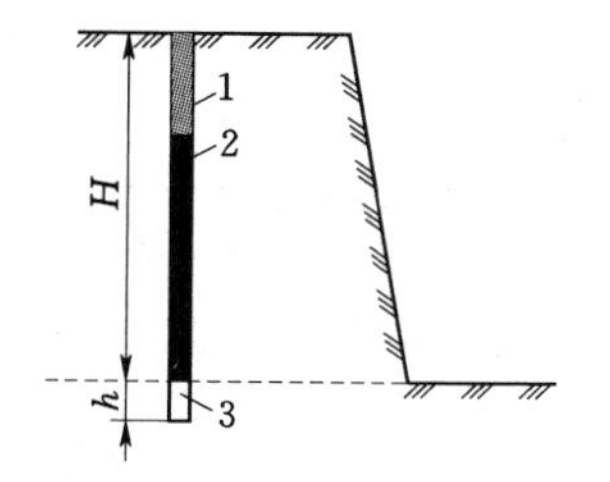

图5－5 孔底间隔装药

1—填塞；2—炸药；3—空气

4．混合装药结构

所谓混合装药结构系指孔底装高威力炸药，上部装普通炸药的一种装药结构。

（六）起爆顺序

尽管多排孔布孔方式只有方形、矩形和三角形，但是起爆顺序却变化无穷，归纳起来有以下几种。

1．排间顺序起爆

排间顺序起爆亦称逐排起爆（如图 5－6 所示）。此种起爆顺序又分为排间全区顺序起爆和排间分区顺序起爆。主要优点是设计、施工简便，爆堆比较均匀整齐。

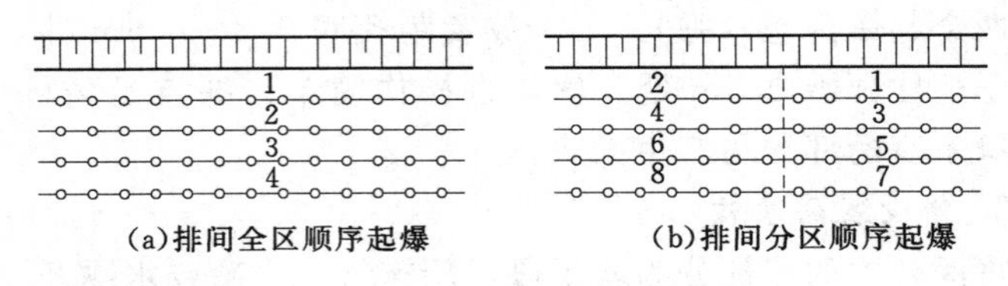

图 5－6　排间顺序起爆

2．排间奇偶式顺序起爆

排间奇偶式顺序起爆从自由面开始，由前排至后排逐步起爆，在每一排里均按奇数孔和偶数孔分为两段起爆（如图 5－7 所示）。其优点是实现孔间毫秒延期，能使自由面增加；爆破方向交错，岩块碰撞机会增多，破碎较均匀，减振效果好。适用于压碴较少，或 3～4 排孔的爆破。缺点是向前推力不足。

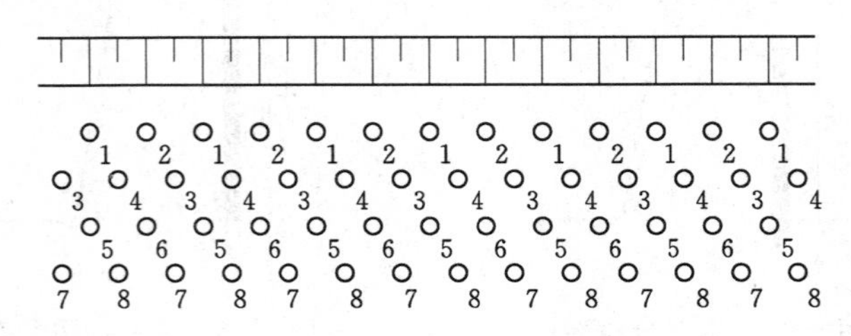

图 5－7　排间奇偶式起爆

3．波浪式顺序起爆

波浪式顺序起爆即相邻两排炮孔的奇偶数孔相连，同段起

爆，其爆破顺序犹如波浪（如图 5－8 所示）。其中多排孔对角相连，称之为大波浪式。它的特点与奇偶式相似，但可减少毫秒延期段数，且推力较奇偶式为大，破碎效果较好。

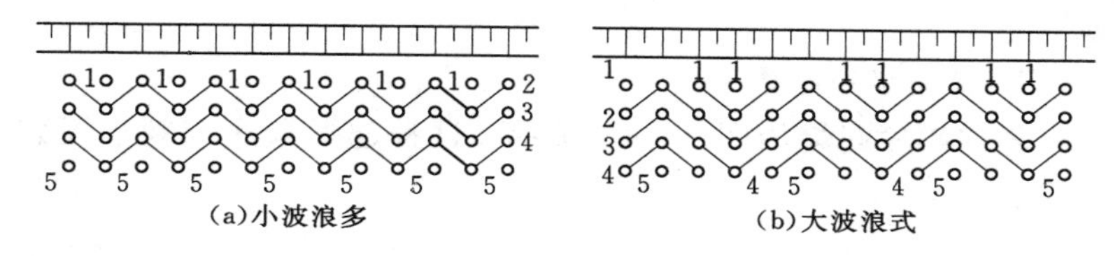

图 5－8　波浪式顺序起爆

4. V 形顺序起爆

V 形顺序起爆即前后排孔同段相连，其起爆顺序似 V 形（如图 5－9 所示）。起爆时，先从爆区中部爆出一个 V 形的空间，为后段炮孔的爆破创造自由面，然后两侧同段起爆。该起爆顺序的优点是岩石向中间崩落，加强了碰撞和挤压，有利于改善破碎质量。由于碎块向自由面抛掷作用小，多用于挤压爆破和掘沟爆破。

5. 梯形顺序起爆

梯形顺序起爆即前后排同段炮孔连线似梯形（如图 5－10 所示）。该种起爆顺序碰撞挤压效果好，爆堆集中，适用于拉槽路堑爆破。

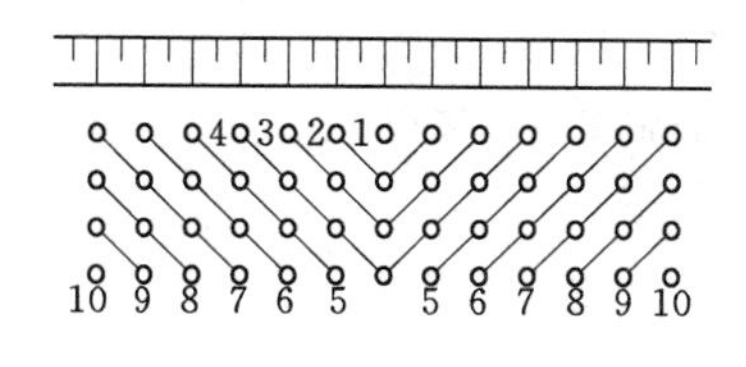

图 5－9　V 形顺序起爆

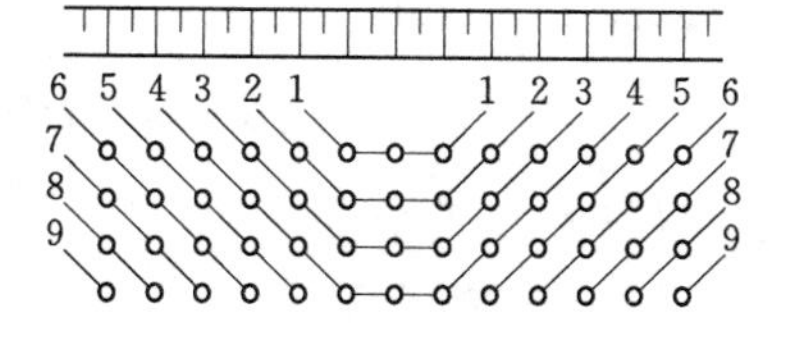

图 5－10　梯形顺序起爆

6. 对角线顺序起爆

对角线顺序起爆亦称斜线起爆，从爆区侧翼开始，同时起爆的各排炮孔均与台阶坡顶线相斜交，毫秒延期爆破为后爆炮孔相

继创造了新的自由面。其主要优点是在同一排炮孔实现了空间延期，最后的一排炮孔也是逐孔起爆，因而减少了后冲，有利于下一爆区的穿爆工作。适用于开沟和横向挤压爆破（如图 5－11 所示）。

7. 径向顺序起爆

径向顺序起爆如图 5－12 所示，这种起爆顺序有利于爆破挤压。

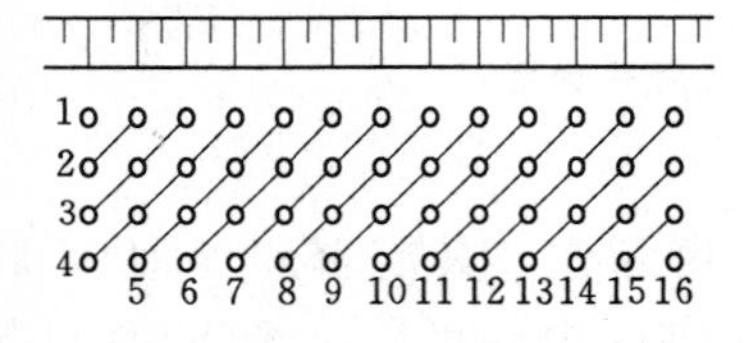

图 5－11　对角线顺序起爆

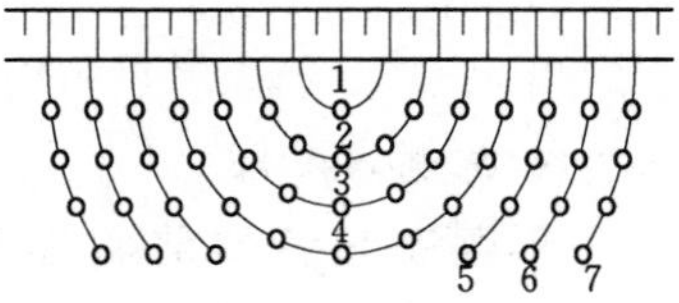

图 5－12　径向顺序起爆

8. 组合式顺序起爆

组合式顺序起爆即两种以上起爆顺序的组合。

二、深孔台阶爆破施工工艺

深孔台阶爆破施工工艺流程如图 5－13 所示。

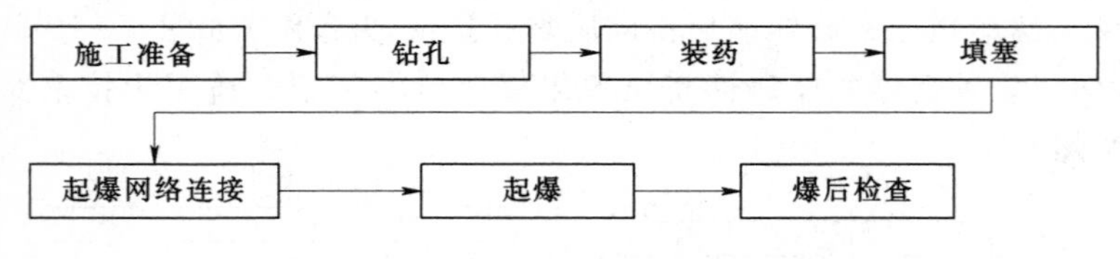

图 5－13　深孔台阶爆破施工工艺流程

（一）施工准备

1. 覆盖层清除

按照“先剥离、后开采”的原则，根据施工区的特点，安排机械进行表土清除、风化层剥离，为爆破施工创造条件。

2. 施工道路布置

施工道路主要服务于钻机就位和道路运输。

布置钻机就位的道路施工时，要尽量兼顾随后的运输需要。运输道路布置应尽可能利用已有的道路，以便缩短其建设工期。应尽量减少上山公路的工程量，以便缩短上山公路的施工周期。上山公路选线应有利于整个开采期内的石料及废石运输，尽可能降低公路纵坡，以保证上山公路具有足够的通过能力并保证雨天运输。

3. 台阶布置

将道路修上山后，应在道路与设计的台阶平台交叉处向两侧外拓，为钻机和汽车工作创造条件，向两侧的外拓采用挖掘机械与爆破相结合的办法。

爆破法开挖台阶通常采用以下几种方法。

（1）均匀布孔爆破法。该法类似于正常的台阶爆破，使用垂直炮孔，只不过是前排的炮孔较浅，爆破孔间排距较小，后排炮孔较深。

（2）扇形布孔爆破法。该法采用倾斜炮孔，钻机不用移动到边缘打孔，钻机移动少。

（3）准集中药包法。该法采用垂直炮孔，钻机也不用移动到前缘打孔，钻机前后基本不移动，一般进行左右移动，炮孔基本布置在一条直线上，炮孔间距较小。

（二）钻孔

1. 钻机平台修建

无论是一次性爆破，还是台阶式爆破，都应为钻机修建钻孔平台。平台的宽度不得小于 6～8m，保证一次布孔不少于 2 排。平台要平整，便于钻机行走和作业。在作业平台修建施工时，可采用浅孔爆破，推土机整平的方法。对于分层台阶式爆破平台应根据设计的爆破台阶，从上到下逐层修建，上层爆破后为下层平台的修建创造了条件，上一层的下平台是下一层的上平台。

2. 钻孔方法

（1）钻孔要领。司机应掌握钻机的操作要领，熟悉和了解设备的性能、构造原理及使用注意事项，操作技术熟练，并掌握不同性质岩石的钻凿规律。钻孔的基本要领："软岩慢打，硬岩快打；小风压顶着打，不见硬岩不加压；勤看勤听勤检查"。

(2) 钻孔基本方法。

1) 开口：对于完整的岩面，应先吹净浮碴，给小风不加压，慢慢冲击岩面，打出孔窝后，旋转钻具下钻开孔。当钻头进孔后，逐渐加大风量至全风全压快速凿岩状态。对于表面有风化的碎石层或由于上层爆破使下层表面裂隙增多甚至松散时，若开口不当，会形成喇叭口，碎石随时都可能掉进孔内，造成卡孔或堵孔。因此，开口时应掌握一定的技术。首先，应使钻头离地，给高风高压，吹净浮碴，按"小风压顶着打，不见硬岩不加压"的要领开口；其次，为了防止孔口坍塌应采用泥浆护壁技术，即将黄泥浆注入孔内，旋转钻具下钻，用一压一钻的方法将黄泥挤入石缝，然后上下提放钻杆，黄泥将孔壁松石粘接牢固，形成孔口黄泥护壁，松石不会受到振动影响而掉进孔内。

2) 钻进技巧：孔口开好后，进入正常钻进时，也应掌握一定的技巧，对于硬岩，应选用高质量高硬度的钻头，送全风加全压，但转速不能过高，防止损坏钻头；对于软岩，应送全风加半压，慢打钻，排净渣，每进尺 1.0～1.5m 提钻吹孔一次，防止孔底积渣过多而卡孔；对于风化破碎层，操作要领是风量小压力轻，勤吹风勤护孔。为了防止塌孔现象，每进尺 1m 左右就用黄泥护孔一次。钻孔达到设计深度，上下移动钻杆，尽量将岩粉吹出孔外，以保证钻孔深度。

3) 泥浆护孔方法：对于孔口岩石破碎不稳固段，应在钻孔过程中采用泥浆进行护壁，一是避免孔口形成喇叭状，影响钻屑吹出；二是在钻孔、装药过程中防止孔口破碎岩石掉落孔内，造成堵孔。泥浆护壁的操作程序是：

炮孔钻凿 2～3m 后；在孔口堆放一定量的黏稠黄泥；上下移动钻杆，将黄泥带入孔内并侵入破碎岩缝内。

3. 炮孔验收与保护

（1）炮孔验收。炮孔验收主要内容有：

1）检查炮孔深度和孔网参数。

2）复核前排各炮孔的抵抗线。

3）查看孔中含水情况。

炮孔深度检查可采用软尺（或测绳）系上重锤（球）来测量，或用标好刻度的炮棍来测量，测量时要做好记录。

（2）炮孔保护。为防止堵孔，应该做到：

1）每个炮孔钻完后立即将孔口用木塞或塑料塞堵好，防止雨水或其他杂物进入炮孔。

2）孔口岩石清理干净，防止掉落孔内。

3）一个爆区钻孔完成后尽快实施爆破。

在炮孔验收过程中若发现松石卡孔、孔的深度不够等情况，应及时进行补钻。在补孔过程中，应注意周边炮孔的安全，保证所有炮孔在装药前全部符合设计要求。

（三）装药方法

主要有两种装药形式，机械装药和人工装药。对于矿山等用药量很大的地方，一般采用机械装药。机械装药与人工装药相比，安全性好，效率高，也较为经济。

1. 装药过程主要注意事项

（1）结块的铵油炸药必须敲碎后放入孔内，防止堵塞炮孔，破碎药块只能用木棍、不能用铁器；乳化炸药在装入炮孔前一定要整理顺直，不得有压扁等现象，防止堵塞炮孔。

（2）根据装入炮孔内炸药量估计装药位置，发现装药位置偏差很大时立即停止装药，并报爆破技术人员处理。

（3）装药速度不宜过快，特别是水孔装药速度一定要慢，要保证乳化炸药沉入孔底。

（4）放置起爆药包时，雷管脚线要顺直，轻轻拉紧并贴在孔壁一侧，以避免脚线产生死弯造成芯线折断、导爆管折断等，同时可减少炮棍捣坏脚线的机会。

(5) 要采取措施，防止起爆线（或导爆管）掉入孔内。

(6) 装药超量时采取的处理方法：其一，装药为铵油炸药时往孔内倒入适量水溶解炸药，降低装药高度，保证填塞长度符合设计要求；其二，装药为乳化炸药时采用炮棍等将炸药一节一节提出孔外，满足炮孔填塞长度。处理过程中一定要注意雷管脚线（或导爆管）不得受到损伤，否则应在填塞前报爆破技术人员处理。

2. 装药过程中发生堵孔时采取的措施

(1) 查清原因。首先了解发生堵孔的原因，以便在装药操作过程中予以注意，采取相应措施尽可能避免造成堵孔。发生堵孔原因有：

1) 在水孔中，由于炸药在水中下降速度慢，装药过快易造成堵孔。

2) 卷状炸药变形过大，在孔内卡住后难以下沉。

3) 装药时将孔口浮石带入孔内或将孔内松石冲到孔中间堵孔。

4) 水孔内水面因装药而上升，将孔壁松石冲到孔中间堵孔。

5) 起爆药包卡在孔内某一位置，未装到接触炸药处，继续装药就造成堵孔。

(2) 处理方法。堵孔的处理方法是：起爆药包未装入炮孔前，可采用木质炮棍（禁止用钻杆等易产生火花的工具）捅透装药，疏通炮孔；如果起爆药包已装入炮孔，严禁用力直接捅压起爆药包，可请现场爆破技术人员提出处理方法。

(四) 填塞

填塞材料一般用钻屑、黏土、粗沙，并将其堆放在炮孔周围。水平孔填塞时应用报纸等将钻屑、黏土、粗沙等制作成炮泥卷，放在炮孔周围待用。

1. 填塞方法

(1) 将填塞材料慢慢放入孔内。

(2) 炮孔填塞段有水时，采用粗沙等填塞。每填入 30～50cm 后用炮棍检查是否沉到位，并压实。重复上述作业完成填塞，严防填塞材料悬空、炮孔填塞不密实的情况发生。

(3) 水平孔、缓倾斜孔填塞时，采用炮泥卷填塞。炮泥卷每放入一节后，用炮棍将炮泥卷捣烂压实。

2. 填塞作业注意事项

(1) 填塞材料中不得含有碎石块和易燃材料。

(2) 炮孔填塞段有水时，应用粗沙或岩屑填塞，防止在填塞过程中形成泥浆或悬空，使炮孔无法填塞密实。

(3) 填塞过程要防止导线、导爆管被砸断、砸破。

(五) 起爆网路的连接

爆破网路连接是一个关键工序，一般应由工程技术人员或有丰富施工经验的爆破工来操作，其他无关人员应撤离现场。要求网路连接人员必须了解整个爆破工程的设计意图、具体的起爆顺序和能够识别不同段位或不同类型的起爆器材。

如果采用电爆网路，因一次起爆孔数较多，必须合理分区进行连接，以减少整个爆破网路的电阻值。分区时要注意各个支路的电阻配平，才能保证每个雷管获得相同电流值。实践表明：电爆网路连接质量关系到爆破工程的成败，任何诸如接头不牢固、导线断面不够、导线质量低劣、连接电阻过大或接头触地漏电等，都会造成起爆时间延误或发生拒爆。在网路连接过程中，应利用爆破欧姆表随时测量网路电阻。网路连接完毕后，必须对网路所测电阻值与计算值进行比较，如果有较大误差，应查明原因，排除故障，重新连接。这里特别强调所有接头应使用高质量绝缘胶布缠裹，保证接头质量；检测网路必须使用专用爆破欧姆表。

如果采用非电爆破网路，由于不能进行施工过程的监测，要求网路连接技术人员精心操作，注意每排和每个炮孔的段别，必要时划片有序连接，以免出错和漏连。在导爆管网路采用并联（大把抓）时，必须两人配合，一定捆好绑紧，并将雷管的聚能穴作适当处理，避免雷管飞片将导爆管切断产生瞎炮。在采用导爆索与导爆管联合起爆网路时，一定注意用内装软土的编织袋将导爆管保护起来，避免导爆索的冲击波对导爆管产生不利影响。

（六）起爆

起爆前，首先检查起爆器是否完好正常，及时更换起爆器的电池，保证提供足够电能并能够快速充到爆破需求的电压值；在连接主线前必须对网路总电阻进行检测；当警戒完成后，再次测定网路总电阻值，确定其阻值与设计值相符后，才能将主线与起爆器连接，并等候起爆命令。起爆后，及时切断电源，将主线与起爆器分离。

（七）爆后检查

爆后由爆破工程技术人员和爆破员先对爆破现场进行检查，只有在检查完毕确认安全后，才能发出解除警戒信号和允许其他施工人员进入爆破作业现场。

爆破后不能立即进入现场进行检查，应等待一定时间，确保所有起爆药包均已爆炸以及爆堆基本稳定后再进入现场检查。

爆后检查等待时间规定如下：露天浅孔、深孔爆破，爆后应超过5min，方准许检查人员进入爆破作业地点；如不能确认有无盲炮，应15min后才能进入爆区检查。一般岩土爆破爆后检查的内容为：

(1) 确认有无盲炮。

(2) 露天爆破爆堆是否稳定，有无危坡、危石、危墙、危房，有无不稳定爆堆、滚石和超范围坍塌。

(3) 最敏感、最重要的保护对象是否安全。

(4) 爆区附近有隧道、涵洞和地下采矿场时，应对这些部位进行有害气体检查。

爆后检查如果发现盲炮或怀疑有盲炮，应向现场指挥汇报，由其组织有关人员做进一步检查；如果发现存在其他不安全因素，应尽快采取措施进行处理；在上述情况下，不应发出解除警戒信号。发现残余爆破器材应收集上缴，集中销毁。

第二节　浅孔台阶爆破

浅孔爆破是指炮孔直径小于或等于 50mm，炮孔深度小于或等于 5m 的爆破作业。浅孔爆破所用设备简单，方便灵活，爆破工艺简单。浅孔爆破在露天小台阶采矿、沟槽基础开挖、二次破碎、边坡危岩处理、石材开采、地下浅孔崩矿、井巷掘进等工程中得到较广泛的应用。

露天浅孔台阶爆破与露天深孔台阶爆破两者的基本原理是相同的，工作面都是以台阶的形式向前推进，不同点仅仅是孔径、孔深、爆破规模等比较小。如果台阶底部辅以倾斜炮孔，台阶高度尚可增加。如果环境条件允许，采用小型液压钻，小台阶爆破也可以采用较大的炮孔直径，但不宜超过 75mm。

一、炮孔排列

浅孔爆破一般采用垂直孔，炮孔布置方式和爆破设计方法与深孔台阶爆破类似，只不过相应的孔网参数较小。浅孔台阶爆破的炮孔排列分为单排孔和多排孔两种，单排孔一次爆破量较小。多排孔排列又可分为平行排列和交错排列，如图 5－14 所示。

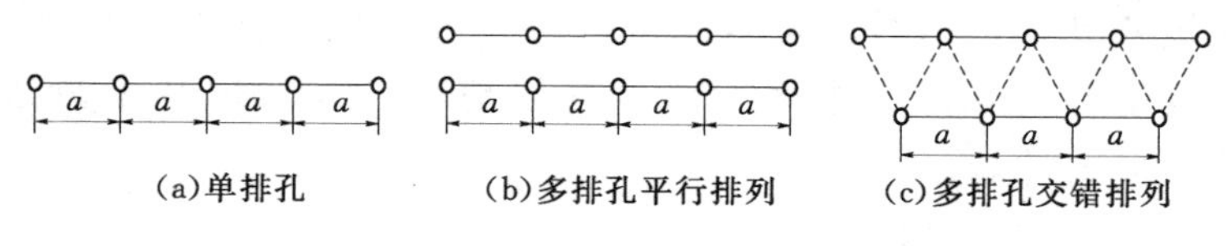

图 5－14　炮孔布置图

二、爆破参数

浅孔台阶爆破参数设计与深孔台阶爆破参数设计基本相同。

由于小台阶爆破炮孔深度浅，最小抵抗线小，爆破飞石的危险性比较大，因此其爆破参数的设计还应根据施工现场的具体条件和类似工程经验选取，并通过实践检验修正，以取得最佳参数值。炸药单耗，应根据各采石场的情况凭经验选取，或通过试爆进行确定。

三、起爆顺序

浅孔台阶爆破由外向内顺序开挖，由上向下逐层爆破。一般采用毫秒延期爆破，当孔深较小、环境条件较好时也可采用齐发爆破。

四、浅孔台阶爆破质量保证措施

（一）浅孔爆破容易出现的问题

1. 爆破飞石

爆破飞石是岩石浅孔爆破最常出现的问题，也是危及爆破安全的首要问题。就爆破技术而言，个别飞石产生的原因主要有三个：一是炸药单耗过大，多余能量使岩石整体产生抛散；二是对岩石临空面情况控制不好或个别炮孔药量过大；三是炮孔填塞长度不足或填塞质量不好。

2. 冲炮现象

冲炮现象给二次穿孔带来很大困难，也影响岩石二次破碎的效果，直接关系到爆破施工的进度和成本费用。冲炮现象在浅孔爆破中很容易出现，特别是孔深小于0.5m的浅孔，如果最小抵抗线方向和炮孔方向一致，再加上填塞不佳（就是填塞良好，相对于岩石而言，炮孔方向也是强度薄弱处），炸药能力就会首先作用于强度薄弱地带，并从炮孔中散逸，从而形成冲炮。

3. 爆后残留根底

如果爆破不能一次炸到设计深度，在地表残留有岩石根底，将大大增加清运工作量。岩石根底一般不宜再装药破碎，基本上由人工靠风镐凿掉，既费时又费力。

（二）质量保证措施

1. 合理的单位炸药消耗量

一般认为浅孔台阶爆破的炸药单耗应在 0.50～1.20kg/m³，其实炸药单耗的这一选择范围已把对岩石的抛散药量也包括在内，这比较难掌握，如运用不当，势必产生大量飞石。具体数据可以通过现场试验确定。

对于可爆性好的岩石，炸药单耗可取小值；对于可爆性差的岩石，或者环境条件较好的爆破，可取炸药单耗大值。另外，对于有侧向临空面的前排装药，炸药单耗还可以缩小到 0.5 kg/m³ 以下，这样前排的岩石既通过后排岩石的挤压而进一步破碎，同时又对飞石起阻碍作用。

2. 充分利用临空面

确定单孔装药药量应考虑临空面的多少和最小抵抗线 W 的大小，只有这样才能避免由于个别炮孔药量过大而导致飞石。通常临空面个数多取小值；反之，取大值。此外，当实施排间秒差或大延期起爆时，有可能由于前排起爆而改变了后排最小抵抗线的大小，出现意想不到的飞石。当一次起爆药量在振动安全许可的范围内，可尽量采用瞬发雷管齐爆或小排间延期（如 100ms 以内）起爆。

3. 避免最小抵抗线和炮孔在同一方向

浅孔爆破，尤其是孔深小于 0.5m 的岩石爆破，如没有侧向临空面，而只有垂直水平临空面钻孔起爆，往往产生飞石或出现冲炮，爆破效果均不理想。较好的方法是钻倾斜孔，以改变最小抵抗线与炮孔在同一方向，使炸药能量在岩石中充分作用，可有效克服冲炮现象。钻孔倾斜度（最小抵抗线与药孔间的夹角）一般取 45°～75°为宜。

4. 确保填塞长度

浅孔台阶爆破，是在两个自由面条件下的爆破，填塞长度通常为炮孔直径的 20～30 倍，或取最小抵抗线的 0.9～1.1 倍，而对夹制性较大岩石的爆破需要加大单孔药量；环境复杂的爆破，需要严格控制爆破飞石时，则填塞长度取炮孔直径的30～40倍较为稳妥，这样既能防止飞石又可减少冲炮的发生。

5．合理分配炮孔底部装药

浅孔爆破对于底部岩石的充分破碎是整个爆破的重点，一旦残留根底，势必给清运工作带来很大麻烦。只有底部岩石得到充分破碎，则上部岩石即使没有完全破裂，也会随着底岩的松散而塌落或互相错位产生裂缝，清运十分便利。要清除爆破残根，除钻孔上须超深外，还应合理分配炮孔底部药量，即在所计算的单孔药量不变的前提下，底部药量比常规情况应有所增加。据工程经验，底部药量以占单孔药量的60%～80%为宜，当数排孔同时起爆时，靠近侧向临空面的炮孔系数取小值，反之取大值。

第六章 硐室爆破

第一节 硐室爆破概述

硐室爆破是将大量炸药集中装填于设计开挖成的药室（硐室或导硐）中，达到一次起爆完成大量土石方开挖或抛填任务的爆破技术。

一、硐室爆破的分类

根据硐室爆破的作用效果不同，可分为松动爆破、加强松动爆破、加强抛掷爆破等。根据爆破抛掷作用方向的不同，硐室爆破又可分为单侧抛掷爆破、双侧抛掷爆破、多向抛掷爆破等。

二、硐室爆破的特点

硐室爆破无须大型钻孔机械，工期短、成本低；由于硐室爆破一次爆破药量大，爆破振动对环境破坏的影响范围大，如果设计不当，容易造成地质病害，影响边坡的稳定性。有些山区高等级公路的石方工程，对边坡质量的要求很高，甚至明文规定禁止采用硐室爆破。随着各种价格低、移动方便的潜孔钻机的推出，以及新型、高效钻孔机械的应用，大规模石方爆破开挖越来越广泛地采用深孔爆破方法，爆破破碎效果和边坡质量得到了明显提高。然而，与硐室爆破相比，深孔爆破成本较高。

三、硐室爆破的设计内容

硐室爆破设计是爆破工程师需掌握的内容，其内容包括：药室布置与计算；起爆系统设计；施工组织设计；安全设计及安全防护措施。爆破员重点应了解设计的内容、施工注意事项、施工安全，以便在施工中将设计的内容付诸实现。

第二节 硐室爆破施工

硐室爆破作业内容主要包括硐室开挖、装药填塞和爆破实施三个阶段。

一、硐室开挖

硐室爆破中的巷道通常包括导硐（或小井）、横硐和药室三部分，其中导硐（或小井）和横硐是药室与外界联系的通道，其断面大小要满足爆破施工的要求；药室是装放炸药的场所，应满足装药的基本要求，但三者的爆破开挖程序基本一致。

（一）凿岩

硐室开挖一般采用气腿式凿岩机钻凿，钻孔直径 38～42mm，移动式空压机供风，空压机最好置于硐口附近。炮孔的布置形式与巷道掘进相同，有掏槽孔、辅助孔、周边孔等。由于巷道断面较小，钻孔深度基本不超过 1.5m，每个循环进尺多在 0.7～1.2m 之间。鉴于硐室开挖施工作业面狭窄、通风不畅和照明不好等原因，在钻孔工作中要特别注意以下四个方面：

(1) 掏槽孔、辅助孔一般为直孔，周边孔略向保留岩体倾斜，但孔底超出轮廓线的距离应控制在 10～20cm 为宜。

(2) 采用湿式钻孔，作业时必须佩戴安全帽和防尘口罩。

(3) 钻孔前应将掌子面清理干净，新孔要距残孔 10cm 以外钻凿，禁止在残孔内钻孔。

(4) 掌子面用 36V 低压电照明，灯泡上要安装金属网，有条件的企业可用矿灯照明，严禁使用蜡烛等明火照明。

（二）装药爆破

装药爆破前应检查一遍所钻炮孔，确认深度、孔数、间距等是否符合要求。装药作业的操作步骤及注意事项如下：

(1) 采用连续耦合装药结构，充分利用炮孔空间多装炸药。

在装药过程中要保护好雷管脚线或导爆管。严禁使用铁管、钢钎充当炮棍。

（2）使用炮泥进行填塞。不得无填塞或满孔装药爆破。否则不仅有安全之忧，也浪费了炸药，降低了爆破效果。

（3）采用微差起爆网路，以降低爆破振动，减少围岩损伤，提高炮孔利用率。

（4）若孔内有水时，应使用乳化炸药。填塞炮孔时宜留一小泄水孔，否则流水会将填塞物推出。

（5）硐室掘进作业面大多十分潮湿，使用电力起爆系统时连接点处必须做好防水防潮处理。

（6）主导硐掘进爆破时，硐口方向的警戒距离要大于其他方向，硐口段掘进时应扩大至周围200m。进入横硐后，只需在硐口实施警戒即可。同一导硐内只要有一个作业面爆破，本硐内人员与相邻作业面的人员都必须撤出。

（7）装药填塞过程中的照明要求应与钻孔时一致，但在爆破时应将作业面的照明灯移开足够距离。

最后还应注意严格遵守火工品的领用规定和程序，当班未用完的火工品，要交回临时爆破器材库。

（三）爆后检查

每一次爆破后，安全检查的主要内容有两项：一是检查是否有盲炮，如发现盲炮，则应立即按照有关规定处理；二是检查有无危石，发现后要马上用撬棍等工具予以清除。若发现漏水、塌方等情况时，应立即上报，封锁现场，待技术人员和有关领导来确定处理方法。另外，爆后检查还有其他方面的内容，如爆破进尺、破碎质量等检查内容，并要有检查记录。

（四）掘进施工测量

为保证巷道开挖方向、断面尺寸和底板高程，每掘进6～8m巷道，应测定一次中线和腰线。中线测定控制巷道掘进方向；腰线测定加上皮尺测量，控制巷道断面尺寸和底板高程。测量间隔时间为 2～3 个工作日。当巷道掘进至拐角处时则应随时测定。

作为爆破作业人员在测定间隔时段内要掌握简易的方向、高程和进尺控制。具体做法是：

(1) 面向硐口位于掌子面的中间，用眼睛可看见外面的方向标；站在主导硐内可见硐口，而后用标杆（或用钻杆代替）以眼观察使之与硐顶或硐外方向标联成一线。若标杆在掌子面中间，说明方向正确，若偏离中间较多，则需立即调整掘进方向。

(2) 使用皮尺测定进尺，当测得进尺到达转折点附近时应及时通知施工测量人员使用仪器进行精确测定。

(3) 每掘进 2～3m 测出前后点的高差，估算出底板高程是否符合要求，而后用直尺粗估断面尺寸，发现问题及时通知测量人员使用仪器精确测定。

(五) 施工排水

平硐掘进施工期间的排水由排水沟完成，它一般布置在导硐底板某一侧。导硐和药室一般均设计有 0.5%～1%的上向坡度，以便于硐内渗水通过排水沟排出硐外。另外，设置坡度也有利于出碴工作，减轻了出碴工的劳动强度。但是坡度不能太大，否则会使药室合理布放遇到困难，并给大爆破施工时的装药填塞增加劳动量。因此，爆破操作人员施工时应严格执行设计坡度的规定，不要贪图一时轻松，擅自加大导硐坡度。

当竖井用作主导硐时，要配备泥浆泵抽水。当竖井完成后，再掘进平硐时，水平导硐内仍设排水沟，让硐内渗水自然流至竖井集水池内，通过抽水机将水排出井外。

(六) 导硐和药室验收

导硐、药室开挖完工后应以设计和测量人员为主对其进行测定验收，并提交最终精确定位的竣工图。作为硐室开挖作业人员应予以全面协助与配合，并做好以下工作：

(1) 如药室容积不够，应在药室内进行补爆，达到要求后请测量人员再行验收。补爆应争取一次完成。

(2) 对不稳定顶板进行清理，消除塌方的危险。应特别注意对硐口的检查，硐口处要有长度不少于2m的支护，若发现安全隐患应及时处理。

(3) 清除金属物和杂物等。验收合格的硐室内不应存有残药、报废钻杆、钻头和清碴工具，同时底板平整、顺畅、无积水，为大爆破的装药填塞施工提供良好的条件。

(4) 清畅排水沟，排出硐室内积水；排水沟要少横跨导硐底板，以利于后期炸药运输作业。

(5) 向技术人员指出岩性和地质构造突变的具体部位，使技术人员能将其准确地标注图上，为最终完成爆破参数调整提供准确的依据。

二、装药作业

硐室开挖结束并验收合格后开始进行大爆破的装药作业。

(一) 作业程序

硐室爆破装药阶段的主要工作程序是：药量及参数调整→提交装药、填塞和网路连接施工分解图→现场划出装药、填塞位置→装药作业→硐内网路连接→填塞作业→硐外网路连接→网路检查→安全警戒→起爆→爆后检查→施工总结。与此同时还有许多平行作业项目，主要有网路试验，炸药运输，填塞材料准备，制作并安放起爆体，设立起爆站，炸药防水防潮，网路保护，等等。实际施工中主要作业程序要有先后顺序，但平行作业项目却不受限制，因此，平行作业应尽量安排在主工序作业时间内完成，以免影响工期。

(二) 装药施工分解图

设计人员依据硐室验收情况最终完成装药爆破参数调整后，应给出指导装药的施工分解图。爆破员必须全面理解施工图，以使装药设计能真实准确地实现。装药施工分解图主要内容有：

(1) 装药量。标注出每个药室的装药量。通常，装药量折合成箱（袋）数来表示。条形药包则按每米长巷道安放多少箱

（袋）炸药来表示。

（2）炸药品种。施工图中将明确给出各种炸药的使用量，同样是折合成多少箱（袋）表示。

（3）安放位置。对于集中药包，注明码放的高度、宽度；对于条形药包，标明药包堆砌的起始和结束位置。

（4）起爆体的数量和位置。每一药室内都有一个主起爆体，副起爆体若干。施工图中不仅给出了起爆体的数量、编号和位置，还标明了起爆体的药量、起爆段数及所用雷管段别。对大规模爆破有时还要标出主、副起爆体的连接方法及导爆索使用量、接头的位置及保护方法等。

（5）防水防潮要求。装药的防水防潮是十分重要的，施工图中不仅要给出装药的具体防水防潮措施、方法，同时还要指出作业的具体位置、使用材料及数量，如油毡（或塑料薄膜）使用多少米，上盖防水布的位置及总体数量、覆盖防水材料的固定，等等。

（6）爆破器材、附属材料及使用工具清单。作业单上列出主导硐内总的爆破器材、附属材料及使用工具清单；给出炸药数量、雷管段别及数量、导爆索数量、防水材料数量、使用工具及器材（如起爆网路的保护材料等）。

（三）装药准备

硐室爆破装药量大、工作场地小，因而在实施作业之前必须做好充分的装药准备工作。

（1）人员组织与安排。成立装药作业施工队，制定岗位责任制。通常每个主导硐一个施工队，设硐长1人，全面负责本硐的装药工作。

（2）领会装药施工分解图内容。由硐长从技术组领取施工图纸及相应作业单，并组织全体作业人员认真学习，必要时请技术人员予以讲解，准确完整全面地领会设计意图及施工要求。

（3）硐内标定。按施工分解图的要求用红油漆在硐室内标出

装药位置和起爆药包位置，对条形药包也可将每米巷道装药多少箱（袋）标在硐壁上。另外，药室内起爆药包数量、雷管段数等也可标在硐壁上。

（4）硐室复查。再次清查导硐药室，务必使硐室内干净、排水通畅。同时根据积水、渗水情况划出药包下垫防水材料的位置。

（5）其他准备。做好网路模拟试验和火工品质量检验；准备好硐内外照明和通风设施；检查运输道路和工具；制作装药标牌；积水段先行采取防水措施。

（四）起爆体的制作与布放

（1）加工起爆体必须在专门的场所，在爆破技术人员的指导下由爆破员完成。在加工点周围设警戒，禁止无关人员进入。

（2）使用乳化炸药作起爆药包时，起爆体使用原包装箱制作，但要将雷管和导爆索固定于箱内并防止搬运时拉脱。

（3）加工完成的起爆体应在其表面标明导硐药室的编号、电阻值和雷管段别。采用双电爆网路的起爆体，每一组网路的电雷管引出线应采用一种颜色，以方便连接。

（4）副起爆体内一般不放置雷管，由主起爆体引来的导爆索完成传爆。置于起爆体内的导爆索都做成集束或索结状，置于起爆体中央。主副起爆体之间采用导爆索连接。当导爆索需通过铵油炸药时，应在其表面缠绕塑料薄膜等做防渗油处理。通常是先装副起爆体，因其内无雷管，相对安全，在整个药室基本完成装药时才安放主起爆体。

（5）采用铵梯炸药加工起爆药包时，应特别注意防止将散状铵梯炸药粉撒落在电雷管脚线与加长线的接头处。因为硝酸铵是强氧化剂，容易使接头锈蚀。另外，整个起爆药包都需进行防水防潮处理。

（6）在安放装有电雷管的起爆体前后都需测量雷管的电阻值并作记录。带有电雷管的起爆体进入硐室前，应切断硐室内的一切电源，待确认安全后才准将起爆体安装入硐。

（7）任何情况下都禁止在药室或导硐内以及施工现场进行起爆体的改装。

（五）装药作业

装药作业最好避开雨天，雷雨天气更是不宜装药施工。该项工作的操作方法及注意事项如下：

（1）炸药装填必须在爆破技术人员指导下进行。

（2）平硐装药运输工具一般是手推车，小竖井则是手推车与吊篮相结合。装药前应检查这些运输工具是否完好，装药时手推车、吊篮要专人负责。

（3）每个硐口要有专人负责记录送入各药室的炸药品种和数量，并与设计数量核对无误后，再签字盖章，交爆破负责人。

（4）硐室爆破一般都是整箱（袋）装填。操作时应按设计要求的位置、数量码放整齐。对条形药包每隔 2～3m 就要核对一下单位长度装药量，以免装药不均。另外，还需预留出安放起爆体的位置。起爆体周围应用散装炸药卷填满，避免遗留大的空隙影响爆破效果。因起爆体周边有散装炸药卷，所以防水防潮工作就更应加强。

（5）装卸、运输与码放炸药时应轻拿轻放，严禁在地面上拖拽炸药袋。炸药包装一定要完好，一旦包装破损，炸药极易受潮变质，而硝铵遇水分解释放出大量的氨气等有害气体，不仅危害作业人员的健康，严重时薰得作业人员无法呼吸和睁不开眼睛，致使装药作业无法继续进行。为方便施工，手推车每次运输炸药不宜超过 4 袋（箱）。

（6）当硐室内有积水时首先外排，接着在药室底部铺放少量石块，在石块上铺垫方木、竹竿等，其上再铺上油毛毡或三色布等防水材料，而后才可码放炸药。若硐壁滴水、渗水严重，一边码放炸药，一边从下向上用塑料布或三色防水布进行覆盖，装药完成后整体覆盖并固定，防止炸药箱（袋）受潮变质。

(7) 装药过程中允许使用不大于 36V 的低压电照明，照明线必须绝缘良好，灯泡应安装保护罩，并与炸药保持一定的水平距离，人员离开时必须切断电源。严禁采用蜡烛、松枝等明火照明。

(8) 在即将装入带有电雷管的起爆体及后续作业中，应撤出低压电照明，改用安全灯、蓄电池灯或绝缘良好的手电筒照明。更换手电筒的电珠和电池应在硐外固定的安全地方进行，废电池要如数回收。

(9) 在药室的预留位置由技术人员指导、爆破员进行起爆体的安放，同时做好起爆体引出导线的理顺和保护工作。引出导线可用废旧风管、竹筒、塑料管或沙土包等予以保护。

(10) 装药时现场负责人应随时进行检查，装药完毕后对电爆网路要进行导通检查并核对电阻值是否与设计相符，最后由硐长签字验收。

装药时硐室内及硐口（井口）外 50m 范围内严禁烟火。

三、填塞作业

（一）填塞施工分解图

在填塞施工前，设计人员会向施工人员交出并解释填塞施工分解图。图上的基本内容有：

(1) 填塞位置。通常情况下在靠近药室处、导硐交叉点和主导硐出口处设填塞段，不同的爆破，填塞位置各不相同。

(2) 填塞工程量。填塞长度确定后就可按断面大小计算出填塞工程量，断面大小是按设计值计算的，所以分解图上的填塞工程量还要乘以一个 1.1～1.3 的系数才能满足实际填塞长度的要求。

(3) 填塞料及相应作业要求。填塞料主要采用硐室开挖的石碴，用废旧编织袋盛装形成碎石包，不留缝隙地整齐码放于填塞段；也可使用片石砌墙内充碎石混合土的填塞方法。有的在靠近药室处（2m 左右）用散状砂质黏土夯实，再堆放砂石袋，效果也较好。

(4) 网路保护和排水措施。填塞段内的网路必须加强保护，如用塑料管或竹筒包住、沙土包堆挡等。另外，若硐内有水且水量较大，必须保证填塞段排水畅通。

(5) 人员与机具配备和进度要求。填塞料通常事先准备好堆放于硐口附近，填塞人员和机具（手推车等）的配备主要是根据填塞量、硐内运输长度等确定。施工人员在拿到分解图后可根据实际情况进行调整，但必须满足作业时间和施工质量的要求。

（二）工作准备

填塞施工的准备工作主要有：

(1) 清楚填塞要求，用红油漆在硐内标出填塞的具体位置。

(2) 根据图纸要求，事先将填塞料准备好并置于硐口附近不影响装药作业的地方。若使用碎石包填塞，宜事先完成装包工作，填塞工作开始后只需进行整袋碎石包运输即可。

(3) 按设计要求组建施工队，每个主导硐设 1 个施工队，同样设硐长。硐长的主要责任是检查填塞质量，如填塞长度是否足够、周边尤其是顶部是否堵严、网路保护的好坏、排水措施是否落实等。同样按要求配备好需用的机具和材料。

（三）填塞施工

装药作业完成并经检查合格后即可开始填塞工作。填塞施工的具体方法、要求和注意事项如下：

(1) 填塞料用手推车运至填塞地段，小竖井作为主导硐时需增加一次轳辘转运。手推车大多由一人推送，硐外安排两个人装车，硐内填塞段安排 2 个人负责砌垒隔墙、接顶、填塞等工作。

(2) 采用片石、碎石包和碎石混合土进行填塞时，首先用片石或碎石包自下而上整齐码放成隔墙，而后充填碎石混合土，最后在结束位置再码砌成墙，直至接顶。此时要注意的是：①充填碎石混合土的长度不能过大，每隔 2～3m 垒一道隔墙；②充填接顶要密实。接顶的碎石包要填满所有空隙，接顶碎石包码好后用碎石混合土充填灌缝。

(3) 垒砌片石或碎石包挡墙时，其宽度通常为0.5～0.8 m，且必须整齐码放，否则墙体易倒塌，不仅需返工且影响填塞质量，尤其是刚出药室的第一道墙，如果倒塌其后果不堪设想。与药包相邻的填塞隔墙不仅要码砌密实，同时宜与药包保持有0.3～0.5m的距离。

(4) 要保证填塞长度。填塞段内不仅要保证自下而上全断面充填密实，顶部不留缝隙；也要保证整个填塞段全部填塞，绝不允许贪图省工省料而中间留空不堵。

(5) 填塞时应有专人负责检查填塞质量。质检方法除填塞量核对法，还可采用插钎法，即使用一直径在8～10mm，长度1.2～1.5m的钢钎，填塞完成后沿填塞体中部和顶部两处寻找缝隙插进填塞段，若插入顺利则表明填塞质量有问题，需拆开隔墙进行检查；若3～4次插入均受阻则说明填塞体基本上是密实的。填塞工作完成一段就要进行检查，确认合格后方准施工队进行下一填塞段施工。

四、起爆网路

(一) 网路试验

在装药施工前，要进行起爆网路模拟试验，以检验设计网路的可靠性。网路试验还包括所使用火工品的质量检验，如电雷管阻值是否稳定，导爆管质量如何，导爆索的防水、抗拉性能是否符合要求等。

(二) 起爆网路敷设注意事项

(1) 网路敷设施工中最重要的是线路保护和接头连接。为保证不错接、漏接，必须是一人连接，一人监督检查并做好记录。

(2) 复式电力起爆网路中的导线应采用两种颜色，一套网路使用一种颜色，这可避免网路之间的错接。

(3) 网路的连接顺序是自里向外，连接线在装药填塞前就用悬挂的方法置于硐室的上角敷设好；电力线做好电阻值测量和记录，在装入起爆体时将起爆体中的雷管引出线接入网路中。电力起爆网路每接入一个起爆体后都应检测整个硐内线的电阻值。比较接入起爆体后的电阻值与硐内线的原始电阻值，就能核定硐内起爆网路的可靠性。另外，电阻检测时不仅要测定每条网路各自是否导通和阻值是否稳定，还要查验两条网路之间绝缘是否良好。

（4）起爆网路连接由专人负责，电爆网路各次阻值检测都应做好记录。连接硐外电爆网路前，应检查各硐口引出线的电阻值，经检验合格后方准与区域线连接，只有当各支路电阻均获得检查通过后才准接入主线。

（5）起爆网路与起爆电源之间要设计中间开关，在下达“进行起爆准备”的命令前，电爆网路主线不得与起爆电源相连，电源开关最好装入箱体锁好并由专人保管钥匙。

（6）硐室爆破起爆工作应在起爆站内进行。起爆站通常靠近起爆电源，并以能看到爆破场景的安全地点为宜，如在飞石危险区内应做好安全防护。起爆站要配备良好的通信设备，音响信号应清楚、准确。站内除起爆电源外不得有其他电源，如电台、高压线等。起爆站并应避开爆区下风向，因其是爆后毒气和粉尘影响最大的区域。起爆站的位置一般在装药作业前就已确定，因而起爆站一旦启用，直到爆破完成前，无关人员严禁入内。

第七章 掘进爆破

第一节 概 述

掘进爆破是指隧道、巷道、斜井、竖井和硐库等地下工程的一种爆破方法。掘进爆破在交通、矿业、水利水电、市政建设等工程中占有相当的比重。掘进爆破通常要求掘进断面符合设计要求，周壁平整；循环进尺（每循环的掘进深度）大，炮孔利用率（循环进尺与炮孔深度之比）高，块度均匀，爆堆集中，材料消耗少，成本低；对围岩（开挖边线以外的保留岩体）损伤小，稳定性好。

掘进爆破由于只有一个自由面，即掘进工作面，夹制作用大，单位炸药消耗量多，需要进行掏槽爆破，以便形成补充自由面，从而改善爆破效果。另外，由于施工场地相对狭小，影响循环进尺、炮孔利用率和施工效率，因此，掘进爆破必须精心设计、精心施工，才能达到预期的爆破效果。

掘进工作面的炮孔主要分为掏槽孔、辅助孔和周边孔，各类炮孔的布置如图 7-1 所示。周边孔又分为顶孔、底孔及帮（墙）孔。对于断面较大的隧道，辅助孔又可分为扩槽孔、崩落孔（掘进孔）等。掏槽孔采用超量装药并最先起爆，首先从工作面上将一部分岩石破碎并抛出，形成一个槽形空洞，为辅助孔爆破创造补充自由面，从而提高爆破效率；辅助孔位于掏槽孔外圈，随掏槽孔之后起爆，以便进一步扩大自由面，并崩落大量岩石，为周边孔创造良好的爆破条件；周边孔最后起爆，作用是控制隧

（巷）道的断面形状、尺寸和方向，使其符合设计要求。

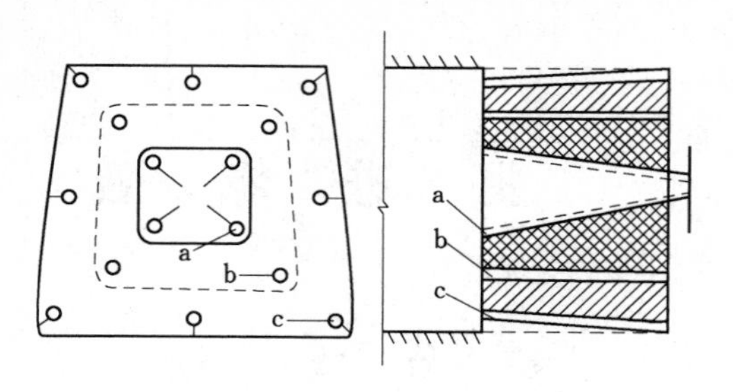

图 7－1　掘进爆破炮孔类型

a—掏槽孔；b—辅助孔；c—周边孔

孔深小于 2.5m 时，称为浅孔掘进爆破；孔深为 2.5～5.0m 时，称为深孔掘进爆破。

第二节　掘进爆破的掏槽方法

掏槽是掘进爆破中的关键技术，掏槽效果的好坏对炮孔利用率的高低起着决定性作用。通常，根据断面大小和形状、工作面岩石情况，合理地选择掏槽方法和布置掏槽炮孔。

掏槽孔一般布置在开挖断面的中部偏下位置，当岩层的层理明显时，炮孔方向应尽可能垂直于层理面；小型断面的掏槽孔数一般为 4～6 个，大型断面要根据开挖方式来确定掏槽孔的部位和数量。

为了提高爆破效果，掏槽孔通常比其他炮孔加深 15～20cm，装药量增加 15%～20%。

根据断面尺寸、岩性和地质构造条件，掏槽孔布置和钻凿形式多种多样，但归结起来可分为垂直（孔）掏槽和倾斜（孔）掏槽两大类，以及由这两类组合形成的混合掏槽。

一、垂直掏槽

垂直掏槽的特点是所有掏槽孔都垂直于工作面，孔距很小，且相互平行。其中有一个或几个不装药的孔（空孔）作为装药孔爆破的辅助自由面，以利于掏槽孔爆破范围内的岩体破碎，并将其抛出槽外，形成槽腔，为后续爆破孔创造良好的自由面条件。

（一）小直径空孔垂直掏槽

小直径空孔垂直掏槽主要用于浅孔掘进爆破，典型的掏槽形式有龟裂掏槽、桶形掏槽、螺旋掏槽等。

1. 龟裂掏槽

各掏槽孔排成一列，相互平行，装药孔与空孔间隔布置，爆破后在整个炮孔深度范围内形成一条裂缝，为辅助孔创造临空面，如图 7 - 2 所示。

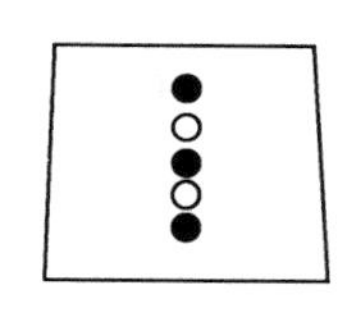
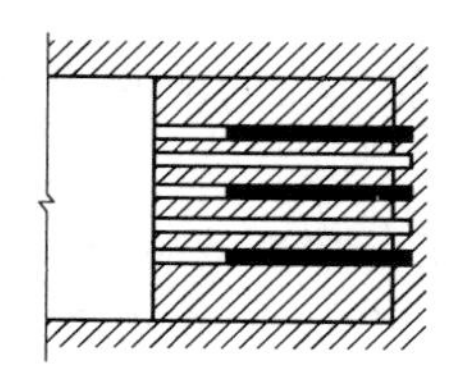

图 7 - 2　龟裂掏槽炮孔布置示意图

2. 桶形掏槽

各掏槽孔相互平行，一般呈对称布置，如图 7 - 3 所示。桶形掏槽不受开挖断面尺寸的限制，掏槽体积较大，且槽洞内外大小基本一致（成桶形），利于扩槽孔爆破，是中硬以上岩体中应用最多的垂直掏槽形式之一。桶形掏槽炮孔布置形式很多，小直径桶形掏槽布孔形式如图 7 - 4 所示。

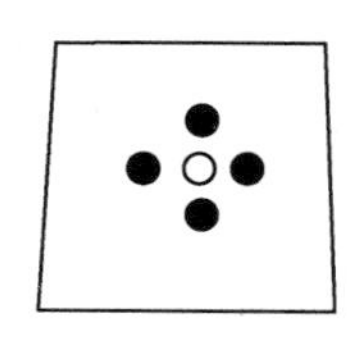
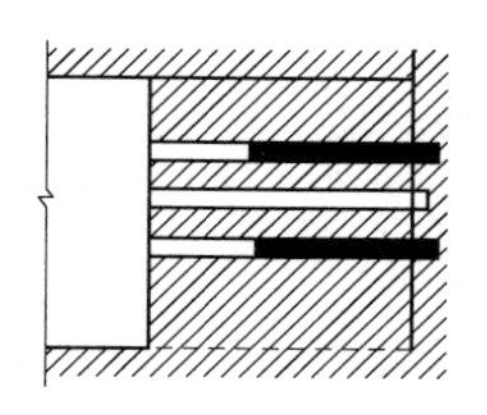

图 7 - 3　桶形掏槽炮孔布置示意图

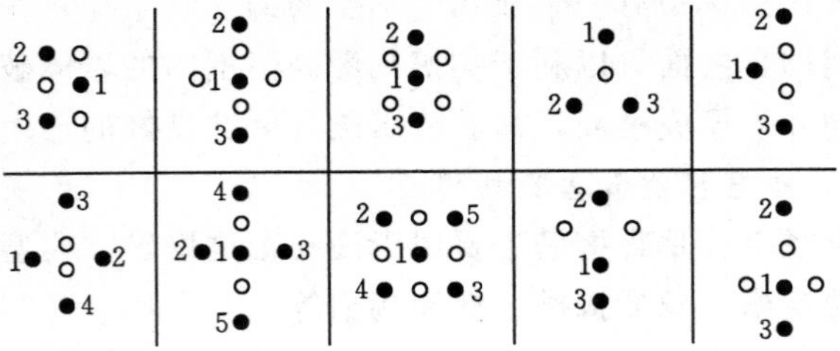

图 7-4 小直径桶形掏槽布孔形式
（图中数字表示起爆顺序）

3. 螺旋掏槽

螺旋掏槽中各装药孔与空孔距离依次递增，随着装药孔的依次起爆，槽腔体积逐次扩大，如图 7-5 所示。

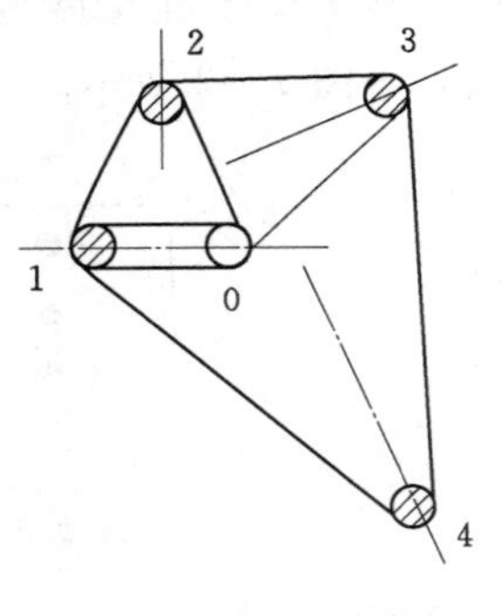

图 7-5 螺旋掏槽炮孔布置示意图
0—空孔；1、2、3、4—起爆顺序

（二）大直径中空孔掏槽

采用深孔掘进爆破（孔深 2.5～5.0m）时，为了进一步改善掏槽爆破条件，常采用大直径中空孔掏槽，形式有菱形掏槽、螺旋掏槽和对称掏槽等，如图 7-6 所示。

各孔至空孔的距离计算如下：

（1）菱形掏槽。

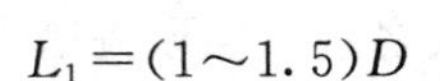

$$L_1=(1\sim1.5)D$$

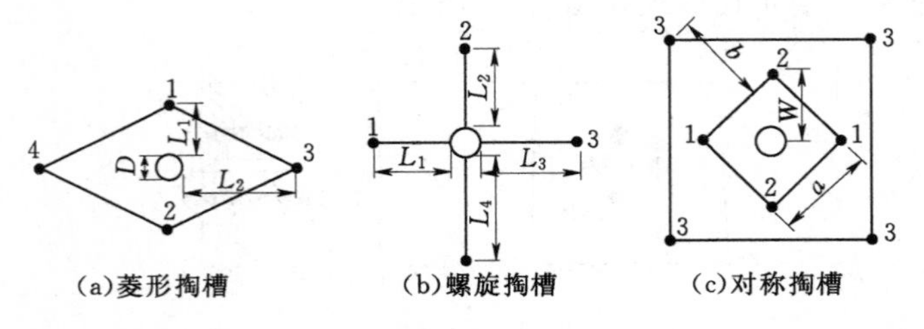

图 7-6 大直径中空直孔掏槽基本类型

$$L_2=(1.5\sim1.8)D$$

（2）螺旋掏槽。

$$L_1=(1\sim1.5)D$$
$$L_2=(1.5\sim2.0)D$$
$$L_3=(2.5\sim3.0)D$$
$$L_4=(3.5\sim4.0)D$$

（3）对称掏槽。

$$W=1.2D$$
$$b=0.7a$$

装药长度一般取深孔的75%～85%。起爆顺序如图7-6中数字序号所示。大直径空孔可以是1个、2个或3个，根据具体情况设定。要求大直径中空孔掏槽的炮孔方向精确，最好使用毫秒雷管顺序起爆。

（三）垂直掏槽的优缺点

垂直掏槽的优点是一般适用于中硬及坚硬岩石和坑道断面尺寸较小的掘进工程。由于炮孔垂直于工作面，所以炮孔深度不受开挖断面尺寸的限制，适宜较深的炮孔以提高循环进尺；所有炮孔均垂直于工作面，钻孔方向易于控制，可保证孔底均在同一垂直面上，所以钻孔精度高，炮孔利用率高达90%～100%；爆堆比较集中，抛碴距离较小，可提高出碴效率；凿岩机之间相互干扰少，便于多台钻机同时作业，提高效率。

垂直掏槽的缺点是爆破同样体积的岩体要消耗较多的炮孔数量及炸药量，对炮孔间距及开孔精度要求高。

二、倾斜掏槽

倾斜掏槽的掏槽孔与掘进工作面斜交，以便更好地将工作面作为自由面，实现掏槽的目的。倾斜掏槽又分为单向掏槽、楔形掏槽和锥形掏槽等多种形式。

（一）单向掏槽

所有的掏槽孔排成一列，并朝同一方向倾斜的掏槽爆破称为单向掏槽。根据岩层产状不同，可采取顶部掏槽、底部掏槽、侧向掏槽和扇形掏槽的方法，以便充分利用岩层层面或软弱夹层的有利条件，形成半楔形或夹层中的掏槽孔，各形式如图 7－7 所示。单向掏槽适用于软岩或有层理、节理、裂隙、软弱夹层的岩体中。

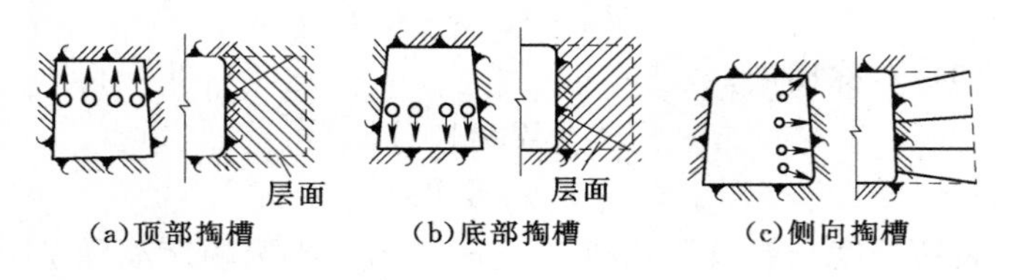

图 7－7　单向掏槽形式

（二）锥形掏槽

锥形掏槽是指各掏槽孔排列成锥形，以相等或近似相等的角度向中心倾斜，孔底趋于集中，但不互相贯通的掏槽方法，如图 7－8 所示。掏槽孔倾角取 55°～70°，孔底距离为 0.1～0.3m，孔口距离取 0.4～1.0m（岩石难爆破时取小值），以利于爆破破碎和抛出岩块。锥形掏槽主要用于竖井掘进。

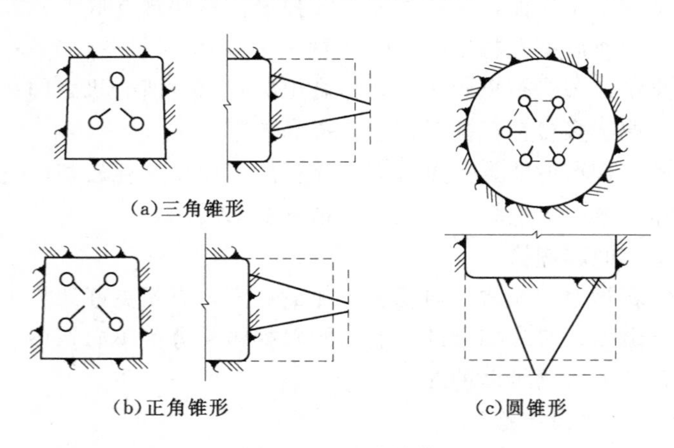

图 7－8　锥形掏槽

（三）楔形掏槽

楔形掏槽由两排相对的倾斜炮孔组成，爆破后形成楔形空间，多用于中硬以上均质岩石，且断面尺寸大于 $4m^2$ 的掘进爆破中。每对炮孔的孔底距离取 0.1～0.3m，孔口距离则与孔深和倾角大小有关，多取 0.6～3.0m（小断面取小值，大断面取大值），掏槽孔倾角 50°～77°。楔形掏槽可分为垂直楔形掏槽和水平楔形掏槽。垂直楔形掏槽因钻孔容易被广泛使用，只有当岩层具有水平层理时才使用水平楔形掏槽，如图 7－9 所示。楔形掏槽的优点是适用于各类岩层，不需大直径钻孔设备；缺点是受断面限制，钻孔角度不好掌握，岩碴抛掷较远。

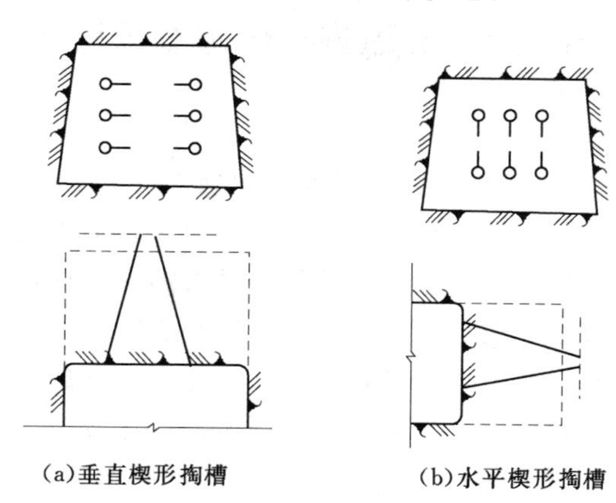

(a)垂直楔形掏槽　　(b)水平楔形掏槽

图 7－9　楔形掏槽

三、复式掏槽

复式掏槽是指两种以上的掏槽方式结合使用的掏槽方法。当炮孔较深、断面较宽、岩石较硬时，宜采用复式掏槽，如图 7－10 所示。

应根据不同类型的掏槽特征及现场的具体条件合理选择掏槽形式，并根据实际掏槽效果进行改进，以取得良好的技术经济效益。

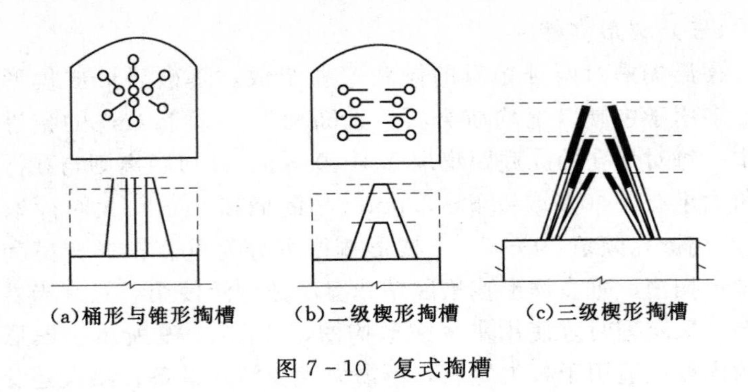

图 7-10　复式掏槽

第三节　巷道掘进爆破参数设计

一、孔径

炮孔直径 D 的大小直接影响凿岩效率、炮孔数目、炸药单耗、爆破块度和周壁平整度。孔径增大时，药量相对集中，炸药爆速和爆轰稳定性相应提高。但是，过大的孔径将导致凿岩速度显著下降，而且炮孔数目相应减少，岩石破碎质量降低，巷道周壁平整度变差，从而降低爆破效果。因此，应根据凿岩设备、炸药性能、掘进断面尺寸和循环进尺等因素综合考虑。通常，采用手持式轻型凿岩机钻孔时，孔径一般为 40mm 左右；采用凿岩台车时，孔径可达 50mm。

二、孔深

孔深 L 不仅影响爆破效果、爆破效率和材料消耗，还影响每个掘进循环中各工序的工作量、完成时间、掘进速度，以至影响每昼夜循环次数和劳动组织。

增加孔深，可以提高循环进尺。但是，随着孔深的增加，凿岩速度降低，特别是在巷道断面小的情况下，爆破的夹制作用增大，炮孔利用率降低，影响爆破效果。在我国目前的掘进技术和设备条件下，小断面巷道掘进的孔深一般为 1.5～2.5m；在中等

断面以上的隧（巷）道掘进中，也有将孔深增至 4～5m 的。此外，采用倾斜掏槽时，孔深还受巷道宽度的制约。

三、装药量

（一）单位炸药消耗量

掘进爆破的单位炸药消耗量 k 影响爆破效果和装岩效率。k 值偏小时，可能使巷道断面达不到设计要求，爆破块度大，装运效率低；k 值偏大时，不仅浪费炸药，还会因围岩破坏严重而使其稳定性降低，甚至损坏支架和设备等。k 值的选取主要与岩石性质、巷道断面、孔径和孔深等因素有关。由于影响因素多，迄今还不能对 k 值进行精确计算。在实际工作中，k 值可按以下三种方法确定。

1. 按国家定额选取

表 7－1 列出了国家颁布的《矿山井巷工程预算定额》规定的巷道掘进炸药消耗定额。

表 7－1　　掘进爆破炸药单耗（kg/m³）

掘进断面面积（m²） \ 炸药单耗（kg/m³） \ 岩石坚硬系数 f	2～3	4～6	8～10	12～14	15～20
<6	1.05	1.50	2.15	2.64	2.93
6～8	0.89	1.28	1.89	2.33	2.59
8～10	0.78	1.12	1.69	2.04	2.32
10～12	0.72	1.01	1.51	1.90	2.10
12～15	0.66	0.92	1.36	1.78	1.97
15～20	0.64	0.90	1.31	1.67	1.85
>20	0.60	0.86	1.26	1.62	1.80

表 7－1 中数据以 2 号岩石铵梯炸药为标准，若使用其他炸药时应乘以炸药换算系数。

2. 按经验公式计算

对于平巷，当孔深介于 1.0～2.5m 之间时，可近似地按下式计算炸药单耗：

$$k=\frac{Kf^{0.75}}{\sqrt[3]{S_x}\cdot\sqrt{d_x}}\cdot e$$

式中：K 为常数，对平巷可取 0.25～0.35；k 为炸药单耗，kg/m^3；f 为岩石坚固性系数；S_x 为断面影响系数，$S_x=S/5$（S 为巷道掘进断面面积，m^2）；d_x 为药径影响系数，$d_x=d/32$（d 为所用药包直径，mm）；e 为炸药换算系数，$e=320/e'$（e'为所用炸药爆力，mL）。

3. 通过实际爆破试验确定

根据反复试验的实际爆破效果来确定合理的单位炸药消耗量。

（二）每循环的装药量

根据每个掘进循环需要爆破的岩石体积，计算每循环的总装药量：

$$Q=kV=kSl\eta$$

式中：Q 为每循环的总装药量，kg；k 为单位体积炸药消耗量，kg/m^3；V 为每循环爆破的原岩体积，m^3；S 为隧（巷）道掘进断面面积，m^2；l 为工作面炮孔平均深度，m；η 为炮孔利用率，一般为 0.85～0.95。

将每循环总装药量再分配到工作面上的每个炮孔时，应根据各类炮孔所起的作用及条件不同，而分配不同的药量。掏槽孔最为重要，并且最难爆破，应分配较多的药量；扩槽孔、崩落孔依次减小，周边孔最小；底板孔通常后起爆，除了爆破本身担负的岩石外，还需克服其他炮孔爆落岩碴的负荷，应增加药量；顶板孔担负的岩石在自重作用下利于爆落，可适当减少药量。具体分配到每个炮孔的装药量，可按炮孔装药系数 n（炮孔中装药长度与炮孔长度的比值）确定。装药系数的取值与炮孔类别和岩石的

f 值有关。各类炮孔的装药系数可参考表 7－2 的数值选取。

表 7－2　　装药系数表

炮孔名称 \ 装药系数 \ 岩石坚硬系数 f	10～20	8～10	7～8	5～6	3～4	1～2
掏槽孔	0.8	0.7	0.65	0.60	0.55	0.50
辅助孔	0.7	0.6	0.55	0.50	0.45	0.40
周边孔	0.75	0.65	0.60	0.55	0.45	0.40

四、炮孔数目的确定

炮孔数目过小会影响爆破效果，过多会增加钻孔工作量。合理确定炮孔数目是取得良好爆破效果和提高掘进速度的重要条件之一。

（一）通过计算确定炮孔数目

炮孔数目 N 以总装药量与单个炮孔装药量之比来计算，即：

$$N=\frac{kSL\eta}{L\bar{n}K_1}=\frac{kS\eta}{\bar{n}K_1}$$

式中：k 为掘进爆破单位炸药消耗量，kg/m^3；L 为炮孔深度，m；$\bar{n}$为炮孔的平均装药系数（按表 7－2 取平均值）；K_1 为炸药的线装药密度（见表 7－3），kg/m；S 为开挖断面面积，m^2；η 为炮孔利用率。

表 7－3　　2 号岩石铵梯炸药的线装药密度 K_1

药卷直径（mm）	32	35	38	40	45	50
线装药密度（kg/m）	0.78	0.96	1.10	1.25	1.59	1.90

（二）查表确定炮孔数目

根据经验数据，将炮孔数目列于表 7－4。该表适用于炮孔直径为 38～46mm 的巷道爆破（不装药炮孔未计入）。

表 7-4 炮 孔 数 目

开挖断面面积（m²）		4～6	7～9	10～12	13～15
炮孔数目	软石（Ⅰ～Ⅲ类）	10～13	15～16	17～19	20～24
	次坚石（Ⅲ～Ⅳ类）	11～16	16～20	18～25	23～30
	坚石（Ⅳ～Ⅴ类）	12～18	17～24	21～30	27～35
	特坚石（Ⅵ类）	18～25	28～33	37～42	43～48

（三）炮孔布置

先布置掏槽孔，再根据地质情况及断面大小均匀布置辅助孔和周边孔。一般可根据上稀下密、周边适当加孔、中部均匀分布的原则布置各类炮孔。具体布置如下：

（1）掏槽孔应布置在爆破容易突破的位置。

（2）周边孔应按巷道断面轮廓线布置，对于软岩孔口应位于开挖轮廓线内约 10cm 处，孔底位于开挖轮廓线上，以利于钻孔和减少超挖；对于中硬及中硬以上岩石，孔口位于开挖轮廓线上，钻孔方向朝外倾斜 5°～15°，以使炮孔底部位于开挖轮廓线外约 10cm 处。底板孔的孔口一般在底板轮廓线上，钻孔向下倾斜，孔底应超出底板边界 10cm 左右，以保证爆破后底板平整，不欠挖。

（3）除掏槽孔外，所有炮孔的孔底均应落在同一铅垂面内，以保证爆破后工作面平整。掏槽孔一般应比其他炮孔深约 20cm。

（四）炮孔数目的调整

在按照上述方法确定出炮孔数量后，将各类炮孔均匀地布置在工作面上的相应位置，然后以炮孔装药系数为基础，计算各类炮孔的单孔装药量及所有炮孔的装药量总和。若装药量总和大于每循环装药量的计算值，说明炮孔布置过密，应适当减少炮孔数目；反之，说明炮孔布置过稀，应适当增加炮孔数目。

炮孔数目的减少应依次从上部掘进孔（崩落孔）、两侧掘进孔、下部掘进孔、扩槽孔（辅助掏槽孔）开始，减少一个部位的炮孔后，即比较相应的装药量总和是否与每循环装药量相近，一旦二者之差约为掘进孔的单孔装药量，则说明炮孔数目基本合理，不再进一步调整。炮孔数目的增加应依次从扩槽孔（辅助掏槽孔）、下部掘进孔（崩落孔）、两侧掘进孔、上部掘进孔开始，其调整要求与减少炮孔时相同。

第四节　隧道掘进爆破方法

隧道是铁路、公路和水电建设中的主要地下工程，隧道掘进与矿山建设中的巷道掘进方法基本相同，其炮孔种类、布置方法、爆破参数的确定原则及爆破施工工艺过程等，均类同于巷道掘进。与巷道掘进相比，隧道掘进通常具有以下特点：

（1）隧道断面面积大，开挖方法多样，需配备大型施工机械。

（2）隧道位置多处于复杂多变的地质条件下，尤其遇到浅埋地段（埋深小于跨度 2 倍的隧道）时，岩体风化破碎，渗水严重，给钻孔爆破作业增加了困难。

（3）隧道服务年限长，质量要求高，要求爆破时要尽量减少对围岩的损坏，确保围岩完整。通常在爆破作业后要及时进行支撑、衬砌工作，致使爆破工作面受到限制，从而增加了爆破施工的难度。

一、隧道掘进的开挖方法

隧道掘进的开挖方法与爆破方案之间有密切的关系。而隧道开挖方法则主要由隧道地质条件、设备配备、技术水平及工期要求等决定。目前常用的开挖方法有全断面法、半断面法、导洞开挖法等。

（一）全断面法

全断面法（图 7－11）适用于地质条件较好的隧道，同时需配备一些大型施工机械，如钻孔台车，大型装、运机械，衬砌模板台车等。由于全断面法可采用高效大型机具，施工场地宽敞，通风排水及管线布置简单，可以减少开挖过程中对隧道围岩的扰动次数。实践表明，全断面法应是大多数隧道施工首选的合理、先进的施工方法。

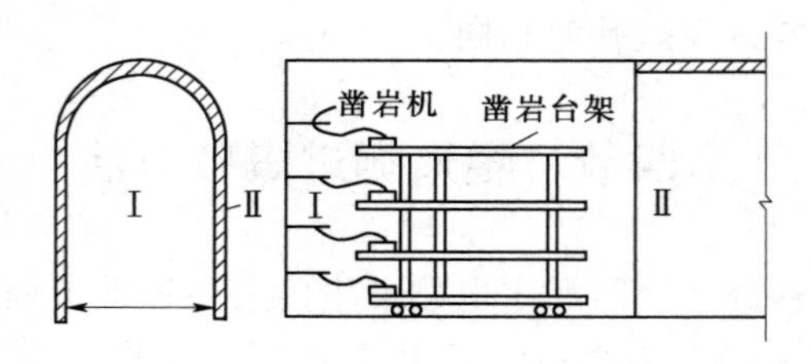

图 7-11　全断面法

Ⅰ—凿岩爆破工作面；Ⅱ—衬砌

（二）半断面法

半断面法（图 7-12）也适用于地质条件较好的隧道。缺乏大型机械时，常采用半断面法。半断面法又可分为短台阶法（上半断面台阶长为 2.5～3.0m）和长台阶法。当地质条件较差时，应采用短台阶法，并应及时做好初期支护，必要时仰拱支护要紧跟施工。

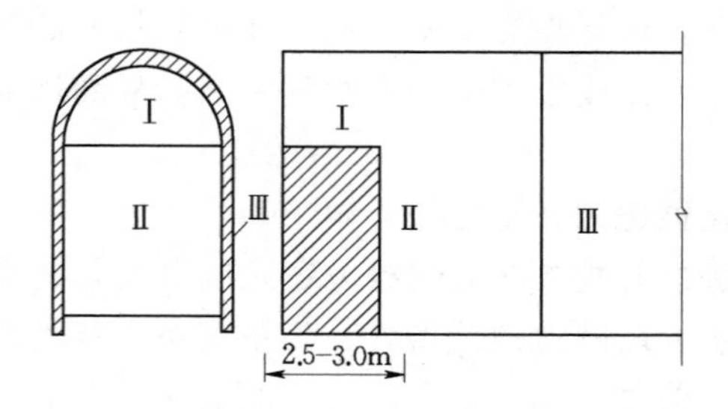

图 7-12　半断面法

Ⅰ—上断面；Ⅱ—下断面；Ⅲ—衬砌

（三）导洞开挖法

导洞开挖法，是在设计的断面内，首先把其中的部分（导

洞）断面打通，然后再扩挖剩余断面的掘进方法。

根据导洞在隧道断面上所处位置的不同，可分为上导洞法（图 7－13）、下导洞法（图 7－14）、上下导洞法（图 7－15）和侧导洞法（图 7－16）。施工时可根据隧道断面的大小、地质条件、劳动力和任务缓急等情况选用。

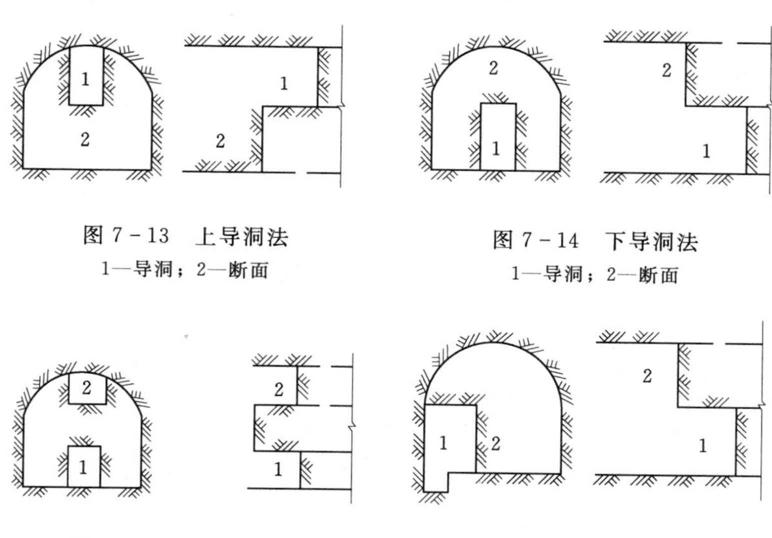

图 7－13　上导洞法
1—导洞；2—断面

图 7－14　下导洞法
1—导洞；2—断面

图 7－15　上下导洞法
1—下导洞；2—上导洞

图 7－16　侧导洞法
1—侧导洞；2—断面

导洞断面一般较小，围岩稳定问题不是很突出，施工安全较有保障。由于先头掘进，可用以探明、查明地质和水文地质状况，以便及时变更施工方案；便于展开作业面，为洞室主体部分的快速施工创造条件；导洞可以用来敷设各种施工管线，便于通风、排水、运输。但是，导洞开挖作业面狭窄，且为独头掘进，通风较困难，污浊空气不易排除，劳动条件差，工效较低。导洞的掘进速度，对于整个工程的开挖速度、工期有着决定性影响。

二、隧道掘进的炮孔布置

隧道断面大，炮孔多，从内向外可细分为掏槽孔、扩槽孔、崩落孔、内圈孔、二台孔、周边孔、底板孔、拱顶孔等，如图 7-17 所示。各类炮孔布置原则如下。

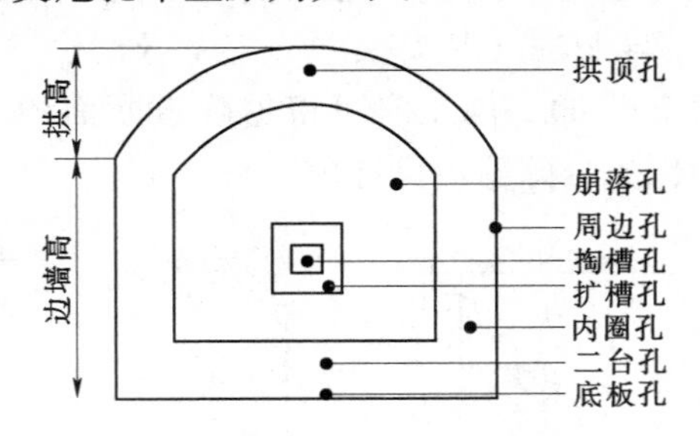

图 7-17 隧道掘进各部位的炮孔布置与名称

（一）掏槽孔布置原则

为便于石碴装运、爆后找顶（即清除隧道顶板危石）及喷射混凝土等作业，希望碴堆较高、较集中，掏槽孔应布置在断面的中下方。

（二）崩落孔布置原则

崩落孔一般按线形或环形均匀布置，排间距 b（即抵抗线）应小于同排或同环的孔距 a，常为孔距 a 的 80%～100%。

（三）周边孔布置原则

隧道掘进一般采用光面爆破或预裂爆破。由于重力作用，预裂爆破的崩落带容易出现大块，因此宜在崩落带（主要是拱部）增加数个炮孔，并与内圈孔同段起爆，以改善破碎效果。

（四）各类炮孔间距取值原则

掏槽孔的夹制作用大，爆破条件差，炮孔应较密；周边孔的作用是控制开挖轮廓，应采用光面爆破或预裂爆破，孔间距应小于排间距；经过掏槽孔、扩槽孔爆破后，崩落孔的自由面条件较好，孔距应较大；扩槽孔、内圈孔、二台孔、底板孔的孔距均应比掏槽孔和周边孔大，但是比崩落孔要密，其间距或抵抗线一般为崩落孔的 80%左右，这是因为扩槽孔的作用是进一步扩大槽腔，为后续炮孔的爆破提供良好的临空面条件，应适当加密炮孔，以保证爆破效果；内圈孔距离开挖面较近，应适当加密，使炸药能量在内圈孔一带均匀分布，减少对围岩的爆破破坏；扩槽、崩落孔爆破后，部分岩碴堆积在底板上，增加了二台孔、底板孔的爆破负荷，为保证底部的爆破效果，二台孔、底板孔也必须适当加密。

炮孔布置形式很多，典型的形式有楔形掏槽——线形布置（图 7－18）、楔形掏槽——环状布置（图 7－19）和直孔掏槽——环状布置（图 7－20）。

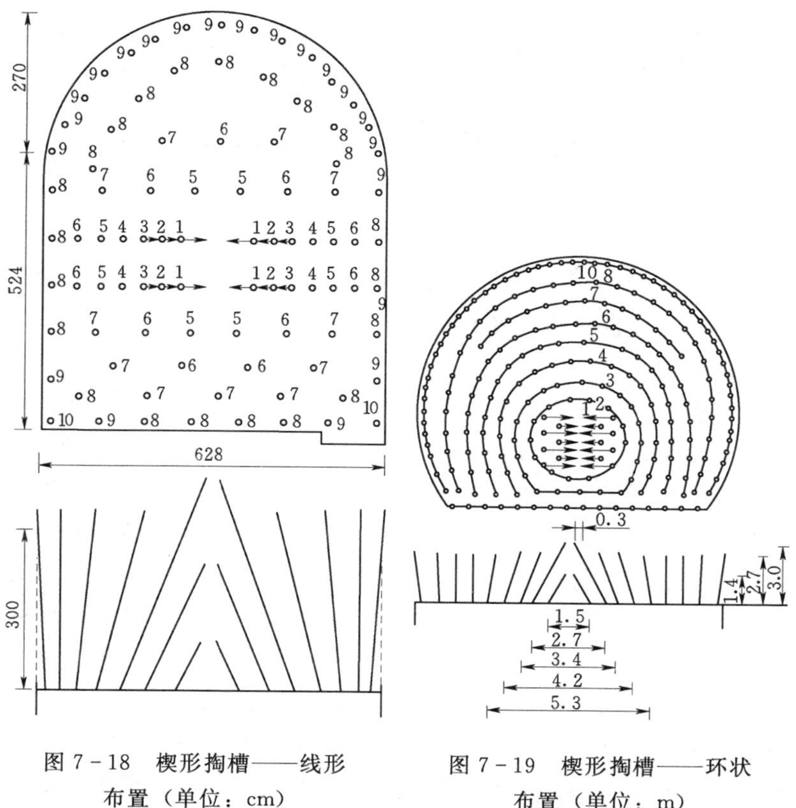

图 7－18　楔形掏槽——线形布置（单位：cm）

图 7－19　楔形掏槽——环状布置（单位：m）

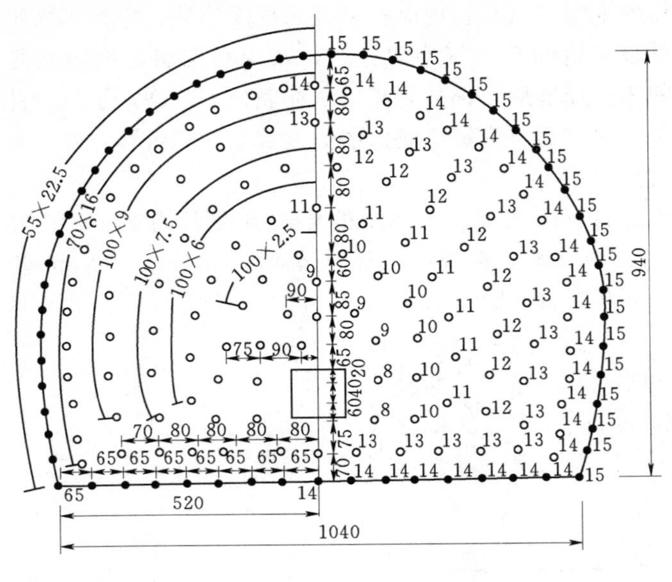

图 7-20 直孔掏槽——环状布置（单位：cm）

三、隧道掘进炮孔参数确定

（一）炮孔数目

炮孔数目的多少是影响爆破效果的重要因素之一。如果孔数过少，即孔距大，则炸药的爆破作用达不到，势必造成残孔多，炸不开，造成毛洞欠挖，轮廓不整齐，石碴块度大等问题；如果孔数过多，即孔距小，则增加钻孔工作量，爆破时容易产生带炮（一个炮孔炸后，将临近炮孔炸药带出）现象，影响爆破效果，浪费炸药。所以，必须正确地选定炮孔数目，以保证最好的爆破效果。

影响炮孔数目的因素一般有：岩石坚硬系数 f 、一次开挖隧道断面面积 S、炮孔直径 d、装填系数、炸药密度、炸药性质等。目前隧道爆破宜按下述方法确定炮孔数目，经过现场试爆效果调整参数。

$$N = K\sqrt{fS}$$

式中：N 为炮孔数（个）；K 为系数，其范围在 2.7～4.0，一般小型机械出碴取 4.0，装载机出碴取 2.7；f 为岩石坚硬系数；S 为隧道断面面积，m^2。

（二）炮孔的方向和角度

炮孔的方向，是指炮孔的轴线方向与作业面的关系是垂直或倾斜。炮孔角度指炮孔轴线方向与作业面所成的最小夹角，它根据岩石结构和炮孔作用而定。炮孔通常应与岩石裂缝或层理垂直或斜交（图 7－21），尽量避免平行层理和钻入裂缝。

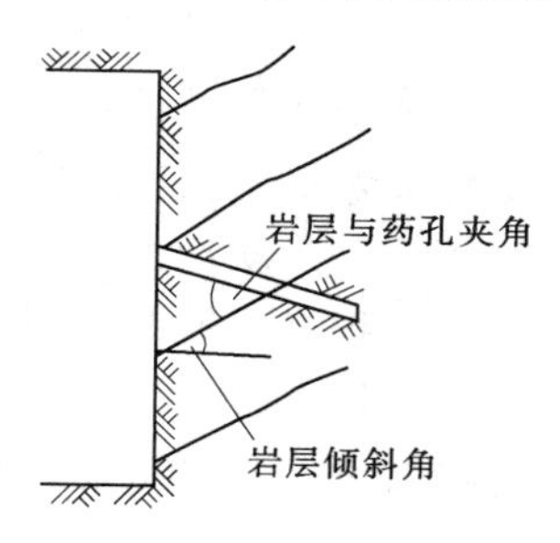

图 7－21　炮孔与裂缝、层理的关系

炮孔应与自由面成一定角度。角度的大小，根据岩石的坚硬程度、炮孔作用及便于作业而定。炮孔角度越大，爆破效果越差；炮孔角度越小，最小抵抗线（装药中心至自由面的垂直距离）越小，爆破效果越好，但炮孔深度浅，进度慢。既要进度快，又要爆破效果好，必须选择好炮孔的角度。根据岩石坚硬系数，全断面爆破法炮孔角度参考值为：

（1）加强掏槽孔：50°～55°。

（2）掏槽孔：55°～75°。

（3）辅助孔：75°～90°。

（4）周边孔：85°～90°。

岩石坚硬取小值，岩石松软取大值。

（三）炮孔直径

炮孔直径多为 40～50mm。一方面受轻型凿岩机冲击功的限制，不宜用过大直径的炮孔；另一方面常用炸药最小药径为25～30mm，低于该值将发生传爆不良或拒爆现象，不宜采用过小炮孔直径。近年来由于掘进钻爆技术的发展，新型钻孔机具和新型炸药的运用，已突破上述因素的约束。

目前研究炮孔直径方面有两种观点：一是增大炮孔直径；二是减小炮孔直径。

试验表明：适当地增加和减小炮孔直径都能达到改善爆破效果的目的。为合理地选用炮孔直径，人们在改变炮孔直径对爆破效果的影响方面进行了研究。

1. 增大炮孔直径

增大炮孔直径，就能增加装药直径，它的实质在于改善了炸药的爆炸性能。直径增大，使药量相对集中，因而使炸药的威力加强了，于是就产生了以下效果。

(1) 提高了炮孔利用率，这是因为炸药威力提高，减少了孔底药包不爆现象。

(2) 炮孔直径增加，则药径相应增加，使爆炸力集中，破坏范围增大，则炮孔数目相应减少。因此减少了装药等辅助作业时间，也可能减少钻孔总时间。

(3) 凿岩机冲击功一定时，炮孔直径加大，钻孔速度降低。对于坚硬岩石，钻孔速度显著降低。尽管炮孔直径增大可以相应减少炮孔数目，但总的钻孔时间可能增加。

(4) 随着孔径加大而使孔数减少，当炮孔数目少到一定程度时，就势必出现断面轮廓不齐，需要修正补炮，石碴块度也会出现不均匀等不利情况。

结论是炮孔直径只能适当增加。

2. 减小炮孔直径

小直径炮孔的研究试验，是用轻型凿岩机配一体式硬质合金钻头，钻凿 24～32mm 小直径炮孔，孔内装高威力炸药，可以得到下述效果：

(1) 提高了钻孔速度，采用轻型高频凿岩机，在坚硬岩石中，小直径钻头的凿岩速度提高最为显著。

(2) 炮孔数目较多，炸药分布较均匀，所以爆落的岩石块度

较均匀，断面轮廓较整齐。

（3）钻头磨损及压缩空气的消耗量也少。

3. 合理确定炮孔直径

合理地选择炮孔直径应考虑岩石的坚硬性、现有凿岩设备的能力、炸药的威力、作业断面的大小和循环进尺。最合理的炮孔直径，应当是上述因素不变的条件下，使毛洞每掘进 1m 需要的时间最少，并保证毛洞具有良好的轮廓尺寸。

目前，在钻孔直径 28～60mm 范围内，风钻钻头直径为 38mm 时，炮孔直径为 40mm 时，工作面每循环钻孔耗时最少；台车钻孔钻头直径为 45mm，炮孔直径为 47mm 时，工作面每循环钻孔耗时最少。故合理炮孔直径为：风钻钻孔，钻孔直径取 40mm 为宜；台车钻孔，则钻孔直径取 47mm 较好。

（四）炮孔深度和长度

炮孔深度（图 7－22），指炮孔底部到作业面垂直距离 L。炮孔长度是指炮孔本身钻出的长度 L_1。

炮孔深度主要依据隧道断面大小、形状及岩石坚硬程度等确定。断面越小，岩石越坚硬，对爆破的夹制作用也就愈大，炮孔深度应小；断面较大，岩石较松软，对爆破的夹制作用小，炮孔深度可大些。

炮孔深度的确定，还要考虑在一个作业循环时间内，各工序能否全部完成。如在一个作业循环内不能完成全部工序，可适当减小炮孔深度。

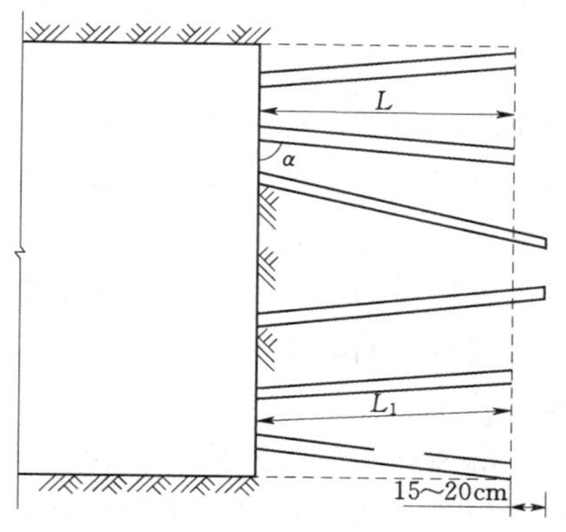

图 7－22　炮孔深度

1. 炮孔利用率

在井巷掘进施工中，爆破后掘进作业面上不能按炮孔深度将岩石全部炸落，炮孔底部一部分没被炸下而残留在作业面上，称为“残孔”。炮孔被炸下部分的长度与炮孔全长的比值称为炮孔利用率 η。隧道掘进钻爆作业中要求炮孔利用率不低于85%。

2. 循环进尺

在井巷掘进中，每完成一个循环工作面向前推进的距离叫做循环进尺，也称为爆破进度。实际爆破进度不等于炮孔深度，而应为炮孔深度和炮孔利用率的乘积。

3. 炮孔深度的确定

按掘进断面和岩石坚硬系数确定孔深

$$L=kB$$

式中：B 为断面的宽度或高度的最小值，m；R 为与岩石硬度有关的系数，可参照表7－5选取。

表7－5　　炮孔深度系数表（k）

岩石坚硬系数 f	3～4	5～7	8～10	11～15	15～20
系数 k	0.8	0.7	0.6	0.5	0.4

四、单孔药量计算

合理确定装药量，对于提高爆破效果和降低掘进成本，保证优质、高速、安全、低耗地完成隧道开挖有重要意义。如果装药量少，则会出现爆破石块大小不均匀，降低炮孔利用率，爆破后断面凸凹不平，达不到设计要求，出现超欠挖现象。相反，如果装药量过多，会造成浪费、破坏围岩稳定、易产生塌方、石碴过度粉碎、飞散很远，不便于铲运。

装药量的多少，一是取决于炸药的性能和质量；二是取决于岩石性质、断面大小、炮孔深度、炮眼直径、掏槽方式等多种因素。

隧道爆破的炮孔所在部位不同，作用和要求也不同。掏槽孔要求抛掷；崩落孔只要求松动，而在掏槽部位的两侧与上、下部位，各部分的炮孔要求又不一样，侧部要求松动，上部要求弱松

动，下部要求加强松动；周边孔则要求光面爆破；底板孔要求抛掷爆破。所以各部位炮孔的装药量是不同的。

（一）确定单位炸药消耗量 k

隧道掘进爆破单位炸药消耗量可参考表 7－1 选取，或按下式计算、现场试爆确定：

$$k=k_a\sqrt{\frac{f}{S}}$$

式中：k 为隧道掘进爆破单位炸药消耗量，kg/m^3；k_a 为炸药爆力系数，岩石炸药和乳化炸药取 1.25；f 为岩石坚硬系数；S 为隧道开挖面积，m^2。

（二）周边孔药量计算

周边孔药量计算参照光面爆破设计。周边孔线装药量一般按下面经验公式计算：

$$\Delta_l=0.9k\cdot a\cdot W$$

式中：Δ_l 为周边孔线装药量，kg/m；k 为单位炸药消耗量，kg/m^3；a 为周边孔孔距，m；W 为光爆层厚度，m。

（三）其他部位炮孔单孔药量计算

其他各部位炮孔单孔装药量可按下式计算：

$$q=kaWL\lambda$$

式中：k 为单位炸药消耗量，kg/m^3；a 为炮孔间距，m；W 为炮孔爆破方向的抵抗线，m；L 为炮孔深度，m；λ 为炮孔位置系数，可参考表 7－6 选取。

表 7－6　　炮孔位置系数 λ

岩性	掏槽孔	扩槽孔	槽下掘进孔	槽侧掘进孔	槽上掘进孔	二台孔	底板孔
软岩	2～3	1.5～2	1～1.2	1.0	0.8～1	1.2～1.5	1.5～2
硬岩	1～2	1.2	1.0	0.95	0.9	1.05	1.1

第八章 光面爆破和预裂爆破

第一节 概 述

一、光面爆破和预裂爆破的定义

(一) 光面爆破的定义

沿开挖边界布置密集炮孔，采取不耦合装药或装填低威力炸药，在主爆区爆破后起爆，以形成平整轮廓面的爆破作业称为光面爆破。在隧道掘进中，光面爆破常用于断面的周边层岩石（主要是顶板和两帮），故又称轮廓爆破、修整爆破或周边爆破。

光面爆破基本作业方法主要有两种：一是预留光爆层法，先将主体石方进行爆破开挖，预留设计的光爆层厚度，然后再沿开挖边界钻密孔进行光面爆破，如图 8－1 所示；二是一次分段延期起爆法，即光面爆破孔和主爆孔用毫秒延期雷管同次分段起爆，光面爆破孔迟后主爆孔起爆。

光面爆破与普通爆破相比，其特点是：开挖轮廓线基本能满足设计要求，特别是在较松软的岩层中更为明显。爆后岩壁平整规则，常可在新形成的壁面上残留清晰可见的半孔痕迹，致使超、欠挖量大大减少。据大量的工程实践统计，用普通爆破法，超挖量可高

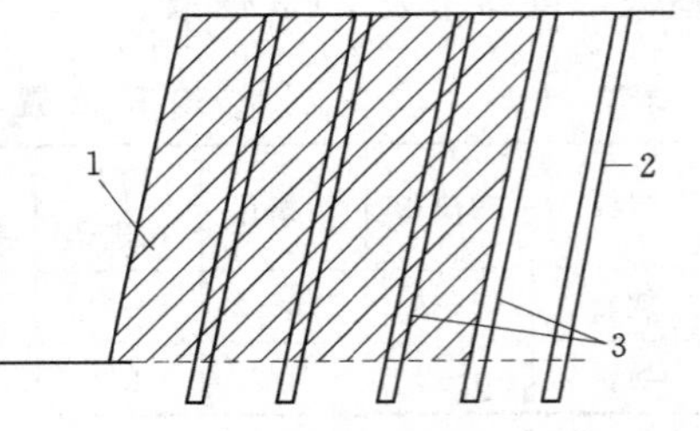

图 8－1 光面爆破布孔示意图
1—主爆区；2—光爆孔；3—主爆孔

达 20%～30%，而用光面爆破法则仅为 4%～6%。光面爆破后的围岩较完整稳定，肉眼几乎看不到爆破裂隙，原有的构造裂隙也不至因爆破影响而有明显扩展，岩体承载能力降低幅度较小，有利于施工安全和快速掘进。光面爆破也使装运、回填、支护费用大为降低。

（二）预裂爆破

沿开挖边界布置密集炮孔采用不耦合装药或装填低威力炸药，在主爆区爆破之前起爆，在爆破区和保留区之间形成一道有一定宽度的贯穿裂缝，以减弱主体爆破对保留岩体的破坏，并形成平整的轮廓面的爆破作业，称预裂爆破。

预裂爆破基本作业方法主要有两种：一是预裂孔先行爆破法，在主体石方钻孔之前，先沿边坡钻凿较密炮孔进行预裂爆破，然后再进行主体石方钻孔爆破；二是一次点火分段延期起爆法，即预裂孔和主爆破孔用毫秒延期雷管同次点火先后起爆，预裂孔先于主爆孔起爆。

二、光面爆破和预裂爆破异同点

光面爆破和预裂爆破的相同点是：光面爆破和预裂爆破均是边坡控制爆破方法，通过控制能量释放，有效地控制裂纹破裂方向和破坏范围，使边坡达到稳定、平整的设计要求。

光面爆破和预裂爆破的不同点是：

（1）炮孔起爆顺序不同。光面爆破是主爆区先起爆，光爆孔后起爆；预裂爆破是预裂孔先爆，主爆区后爆。

（2）自由面数目不同。光面爆破有两个自由面，预裂爆破只有一个自由面。

（3）单位炸药消耗量不同。光面爆破炸药单耗小，预裂爆破由于夹制性大，炸药单耗大。

三、光面爆破和预裂爆破优缺点

光面爆破和预裂爆破的优点包括：

（1）减少超、欠挖，节约工程成本。

（2）开挖边坡面（轮廓）平整、美观，减少边坡（轮廓）支护工作量，有利于后期作业，具有良好的环保效应。

（3）对保留岩体破坏影响小，有利于边坡或围岩的稳定。

（4）预裂爆破能有效地降低主爆区爆破振动对周围建筑的影响，可以放宽对主爆区爆破规模的限制，提高工效。

光面爆破和预裂爆破的缺点包括：

（1）钻孔工作量大，钻孔精度要求高，钻孔成本高。

（2）施工工艺复杂，对施工人员素质要求高。

（3）需要一些专用的爆破器材，如低猛度、低爆速、高起爆性能的炸药和小直径药卷、导爆索和毫秒雷管等。

四、光面爆破和预裂爆破适用条件

（1）地质条件适应性。在坚硬和完整的岩体中光面爆破或预裂爆破效果明显；在不均质和构造发育的岩体中，采用光面爆破或预裂爆破，虽然效果不明显，但可减轻对保留岩体的破坏，减少超欠挖量，有利于露天边坡或巷道围岩的稳定。

（2）爆破方法适应性。光面爆破和预裂爆破适应于孔深大于1.0m的浅孔爆破、露天及地下爆破。

（3）工程适应性。光面爆破和预裂爆破适应于铁路、公路、水利、矿山、场坪等地下空间轮廓开挖掘进爆破和露天边坡开挖爆破工程。

第二节　光面爆破和预裂爆破设计

一、光面爆破设计

（一）边坡控制中光面爆破设计

石方边坡按用途可分为永久边坡和临时边坡；按边坡形状可分为垂直边坡和倾斜边坡；按边坡高低可分为高边坡、低边坡和一般石方边坡。边坡高度大于15m称高边坡，低于5.0m称低边坡，一般石方边坡为5.0～15.0m。沿边坡线按设计的边坡高度、坡度进行边坡开挖称边坡控制。光面爆破是控制边坡、维护边坡稳定的重要技术措施。

1. 钻孔直径 D

公路、铁路与水电建设中的深孔爆破钻孔直径 D 一般取 80～100mm；对于矿山台阶爆破多用较大孔径，钻孔直径 D 一般取 120～310mm；浅孔爆破时，钻孔直径 D 一般取 42～50mm。

2. 台阶高度 H

台阶高度 H 与主体石方爆破台阶相同，通常，深孔取 $H\leqslant 15m$，浅孔取 $1.5m\leqslant H<5.0m$ 为宜。

3. 炮孔超深 h

$h=0.5\sim1.5m$，深孔或坚硬完整的岩石取大值，反之取小值。

4. 最小抵抗线 $W_光$

$W_光$ 可按照式（8－1）或式（8－2）进行计算：

$$W_光=KD \tag{8-1}$$

或

$$W_光=K_1a_光 \tag{8-2}$$

式中：$W_光$ 为光面爆破最小抵抗线，m；K 为系数，$K=15\sim25$，软岩取大值，硬岩取小值；K_1 为系数，$K_1=1.5\sim2.0$，孔径大取小值，反之取大值；D 为炮孔直径，mm；$a_光$ 为光面爆破孔距，m。

5. 孔距 $a_光$

$a_光$ 可按式（8－3）计算：

$$a_光=mW_光 \tag{8-3}$$

式中：m 为炮孔密集系数，一般取 $m=0.6\sim0.8$；$W_光$ 为最小抵抗线，m。

6. 炮孔长度 L

炮孔长度 L 可按式（8－4）计算：

$$L=(H+h)/\sin\alpha \tag{8-4}$$

式中：L 为炮孔长度，m；α 为边坡钻孔角度，(°)；H 为台阶高度，m；h 为炮孔深，m。

7. 装药量计算

光面爆破装药量计算分为线装药密度和单孔装药量的计算。

线装药密度 $q_{光}$ 的计算：

$$q_{光}=k_{光}\,a_{光}\,W_{光} \tag{8-5}$$

式中：$a_{光}$ 为光面爆破孔距，m；$W_{光}$ 为光面爆破最小抵抗线；$k_{光}$ 为光面爆破单位炸药消耗量，kg/m³。

单孔装药量的计算：

$$Q_{光}=q_{光}\,L \tag{8-6}$$

式中：$Q_{光}$ 为光面爆破的单孔装药量，g；$q_{光}$ 为光面爆破线装药密度，g/m；L 为炮孔长度，m。

（二）掘进中光面爆破设计

在巷道掘进中确定光爆参数时，要提到光爆层概念。所谓光爆层，就是指周边孔与最外层主爆孔之间的一圈岩石层，如图 8-2 所示。光爆层的厚度就是周边孔（光爆孔）的最小抵抗线。

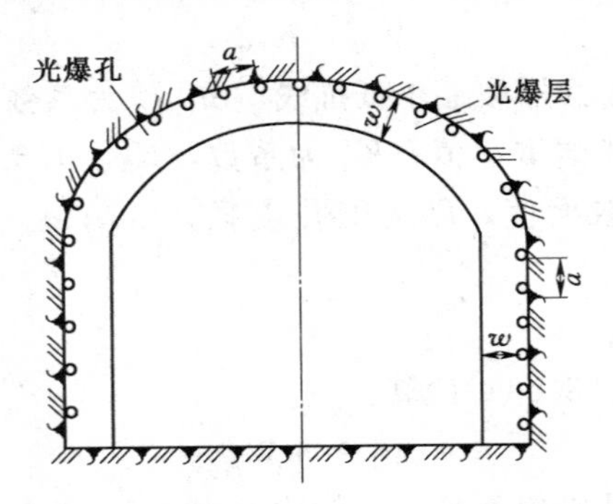

图 8-2　光爆层示意图

1. 光爆孔间距

光爆孔的间距一般要比主爆孔的小，它与炮孔的直径，岩石性质以及装药量等有关。当炮孔直径为 35～45mm 时，

间距一般可取500～700mm，对于节理裂隙发育的围岩，或对光爆面的质量要求高的部位，其孔距还应更小一些。也可按下式估算：

$$a=(8\sim18)D$$

式中：D为光爆孔直径，常与主炮孔相同。

2. 炮孔密集系数

光爆层的厚度W与周边孔的间距互有着密切的关系，可用两者的比值$m=a/W$来表示，m称为周边孔（光爆孔）的密集系数。m值小，表示炮孔间距近，岩石能较精确地沿炮孔连心线裂开，但钻孔工作量增大，不一定经济。m值过大，各炮孔只能各自独立地起作用，不能形成要求的光爆面，这也是不可取的。m取值范围0.6～0.8。

3. 光爆层厚度

光爆层的厚度与开挖断面的大小有关。大断面隧道的顶拱跨度大，光爆孔所受到的夹制作用小，岩体比较容易崩落，此时，光爆层的厚度可以大一些；小断面的隧道，光爆孔受到的夹制作用大，其厚度宜小一些。光爆层的厚度还与岩石的性质和地质构造等有关：坚硬完整的岩石，光爆层宜薄一些；而松软破碎的岩石，光爆层宜厚一些。

光爆层厚度可按下式估算：

$$W=(10\sim20)D$$

一般取$W=50\sim80$cm，或按下式计算：

$$W=\frac{a}{m}$$

4. 不耦合系数

药卷直径小于炮孔直径的装药称为不耦合装药，炮孔直径和药卷直径的比值称为不耦合系数。不耦合系数一般取$K=1.25\sim2.0$。

表8-1列出国内外推荐的光面爆破实用参数，供参考。

表 8－1　　光面爆破实用参数表

炮孔直径（mm）	药卷直径（mm）	不耦合系数	孔距（m）	光爆层厚（m）	线装药密度（g/m）
32	22	1.45	0.60	0.80	80
38	22	1.73	0.65	0.90	120
45	22	2.05	0.75	1.00	180
50	22	2.27	0.80	1.10	240
65	22	2.95	1.00	1.30	380
75	22①	3.41	1.15	1.55	500
90	25①	3.60	1.35	1.80	700
100	29①	3.45	1.50	2.00	850
115	32①	3.59	1.70	2.20	1050
125	38①	3.29	1.80	2.40	1200
150	55	2.73	2.20	2.80	1700
200	55①	3.64	2.80	3.70	2750
230	55①	4.18	3.30	4.20	3300
250	80	3.13	3.60	4.60	3750

①　连续柱状装药。

二、预裂爆破设计

（一）预裂爆破设计的一般规定

预裂爆破设计时，应满足以下一般规定：

（1）对于拉槽路堑或坡面前方开挖层比较宽的路堑，以及需要设置隔振带的爆破区，边坡开挖宜采用预裂爆破。

（2）炮孔直径可根据预裂爆破的台阶高度、地质条件和钻机设备确定。

（3）预裂爆破孔应沿设计开挖边界布置，炮孔倾角应与设计边坡坡度相一致，孔底应处在同一高程上，并且要超深于主爆炮孔（见图 8－3）。

(4) 预裂孔的平面布置界限应超出主体爆破区，宜向主体爆破区两侧各延伸 $L=5\sim10\text{m}$；缓冲孔位于预裂孔和主炮孔之间，设1～2排，如图8-3所示。

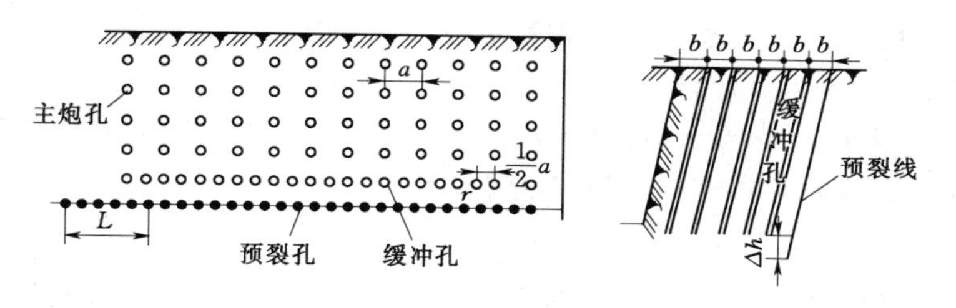

图8-3　预裂缝的超深 Δh 及超长 L 示意图

(5) 预裂孔与主爆炮孔之间应有一定距离，该距离与主爆炮孔药包直径及单段最大起爆药量有关，可根据相关经验值选取。

(二) 预裂爆破参数确定

1. 炮孔直径 d_b

预裂爆破一般采用较小的炮孔直径 d_b，以控制预裂面的形状。一般条件下，炮孔深度浅，孔径小；炮孔深度大，孔径大。边坡控制爆破中，浅孔爆破孔径取45～50mm；中深孔爆破取80～100mm；深孔取更大值，如250mm和310mm。

掘进中的预裂爆破，常用的炮孔直径是 $d_b=38\sim45\text{mm}$。目前，由于施工机械的更新或工艺的改进，也有采用 $d_b=60\sim100\text{mm}$ 的炮孔。

2. 孔距 a

可以参考经验公式。经验公式主要有以下几种：

(1) 瑞典经验公式。

$$a=(8\sim12)d_b\ (\text{cm})$$

(2) 国内一般经验公式。

$$a=(9\sim14)d_b\ (\text{cm})$$

(3) 葛洲坝经验公式。

当 $[\sigma]_{压}=10\sim30$MPa 时，$a=35+r_b$

当 $[\sigma]_{压}=30\sim80$MPa 时，$a=25+r_b$

当 $[\sigma]_{压}\geqslant80$MPa 时，$a=20+r_b$

式中：$[\sigma]_{压}$ 为岩石抗压强度，MPa；r_b 为炮孔半径，cm。

3. 不耦合系数 k

炮孔直径 $d_b=38\sim45$mm，不耦合系数 $k=1.5\sim2$；炮孔直径 $d_b=60\sim100$mm，不耦合系数 $k=2\sim4$。

4. 线装药密度

由于预裂孔爆破的夹制作用比光爆孔大，其线装药密度相应比光爆孔大一些。

影响预裂孔线装药密度的因素复杂，很难从理论上得出一个完整无缺的解，有不少爆破工作者根据各自积累的经验，针对几个最主要的影响因素，归纳了一些经验计算式，比较有代表性的有：

（1）美国的线装药密度经验公式。

$$\Delta_l=0.038l_b\times d_b^2$$

式中：l_b 为炮孔深度。该式适用于各种直径和深度的炮孔。

（2）葛洲坝工程局提出的线装药密度算式。

$$\Delta_l=0.367[\sigma]_{压}^{0.5}\ d_b^{0.86}$$

在进行预裂爆破时，为了克服预裂孔底部的夹制作用，确保爆破后形成的预裂缝能顺利地延伸到孔底，孔底药量应适当增大，其增大值与岩石的坚硬程度、钻孔直径的大小、预裂孔深浅以及炸药性能有关。我国爆破工程界建议在孔底 0.5～1.0m 范围内的药量增大值见表 8-2。

表 8-2　　药量增大值

孔深（m）	<5	5～10	>10
底部装药量（kg/m）	（1～2）Δ_l	（2～3）Δ_l	（3～5）Δ_l

表 8-3 列出国内外推荐的预裂爆破实用参数，供参考。

表 8-3　预裂爆破实用参数表

炮孔直径（mm）	药卷直径（mm）	K	a（m）	Δ_l（g/m）
32	22	1.45	0.40	120
38	22	1.73	0.45	140
45	22	2.05	0.50	160
50	22	2.27	0.55	190
65	22	2.95	0.65	250
75	22①	3.40	0.75	450
90	25①	3.60	0.90	650
100	29①	3.45	1.00	800
115	32①	3.59	1.10	1100
125	38①	3.29	1.20	1300
150	45	3.33	1.45	1850
200	55①	3.64	1.85	3300
230	65①	3.54	2.00	4500

①　连续柱状装药。

（三）预裂爆破设计中的注意事项

在预裂爆破设计中应该注意的事项包括以下几点：

1. 炸药性能

不同品种的炸药，其威力也不同，应根据实际使用的炸药品种进行必要的换算。

2. 线装药密度

线装药密度是指炮孔延米平均装药量，在实际装药过程中，应根据不同装药结构进行处理。采用分段装药时，即底部加强装药段、中部正常装药段、顶部为减弱装药和填塞段，在保证填塞长度条件下，加强装药段长度为 $L_3=0.2L$，中部正常装药段长度 $L_2=0.5L$，顶部减弱装药和填塞段 $L_1=0.3L$。

3. 预裂爆破台阶高度

预裂爆破台阶高度以 $H\leqslant 15$m 为宜，当挖深大于 15m 时，宜分层爆破。层间应设平台，平台宽度 B=1.5～2.0m。

第三节　光面爆破和预裂爆破施工

光面、预裂爆破施工流程如图 8－4 所示。

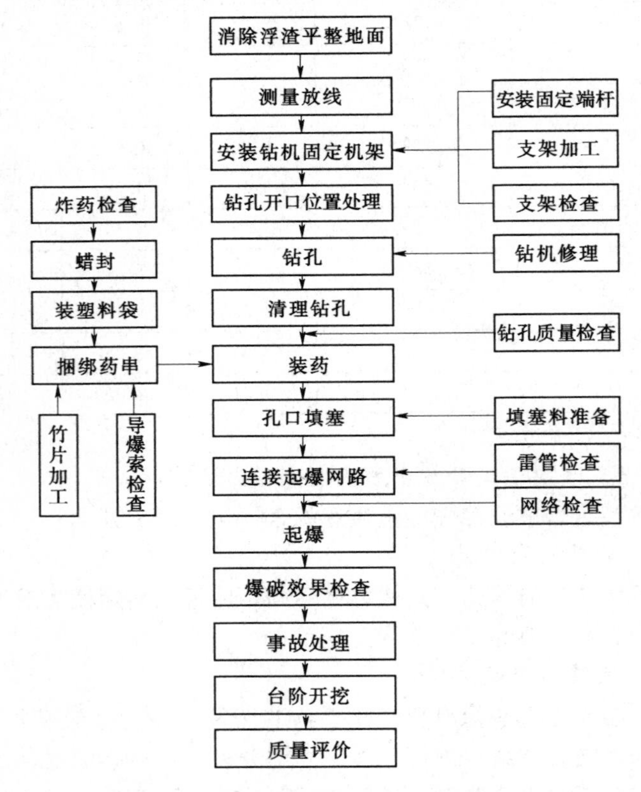

图 8－4　光面、预裂爆破施工工艺流程图

一、施工准备

（一）场地平整

露天开挖石方爆破中，应用推土机或人工将地面整平，将钻

孔地点的覆盖层清除至开挖的岩石面，使钻孔部位尽量位于同一高程上。巷道掘进中，用人工或机械清理危石、悬岩，钻孔部位尽量位于同一平面。

另外，场地应有足够的宽度，以保证钻机能安全作业和移动方便，并能按设计开挖面方向钻孔。场地宽度根据施工机械的结构尺寸大小而定。

（二）测量放样

测量放样必须保证设计要求的精度。根据设计要求划定光面线或预裂线，并按设计的孔距定出孔位，随之对每个孔进行编号。

每个炮孔的深度、倾角、孔径大小等应在孔位上标明，并使其保持一定的时间，以便执行。

边坡控制爆破中，边坡测量是边坡按设计轮廓线开挖的重要保证，施工前要严格做好测量放线工作。边坡测量应分两次进行，第一次测量主要为钻机操作的平台定位，在钻机平台修好后，进行第二次边坡定位测量，其测量方法可用全站仪一次完成，边桩点 10m 设一个，边桩点连线为钻孔轮廓线。

二、钻孔施工

（一）钻机平台修建

在没有钻孔台车的情况下，应搭设钻机平台。钻机平台是钻机移位和架设的场地。钻机平台的宽度一般根据钻孔机械类型确定，但最小不少于 1.5m。平台应尽量做到横向平整、纵向平缓。

（二）钻机对位与架设

钻机必须按“对位准、方向正、角度精”三要点安装架设，以控制钻孔精度。

（1）钻机对位要准。在钻机平台上利用钢管作为钻机移动轨道。钢管架设在边坡线外 30cm 处，连接并固定垫实，再根据设计的孔距用油漆在钢管上标明孔位，以保证对位准确。

（2）钻孔方向要正。钻孔方向正就是要使炮孔垂直于边坡线，并保证相邻炮孔相互平行并处在同一边坡面上。

(3) 钻孔角度要精。钻孔角度一般用专用角度尺，或在钻机机架上吊一垂球，按坡比调整钻孔精度。

(三) 钻孔作业基本要求

(1) 熟悉岩石性质，摸清不同岩层的凿岩规律。

(2) 凿岩的操作要领：孔口要完整，孔壁要光滑，湿式凿岩时要调整好水量，掌握好岩浆浓度，保证排碴顺利。

(3) 凿岩的基本操作方法：软岩慢打，硬岩快打。

(四) 注意事项

钻孔施工应注意以下几点：

(1) 选择适宜的钻孔机械。选用的原则是：①要求能穿凿与设计边坡倾角相一致的斜孔；②一次钻孔深度大时，应尽量避免分层预裂；③应达到足够的钻孔精度；④工效要高。

(2) 每钻完一孔后，应及时测量，严格控制钻孔偏差。一般来说，要求孔口位置偏差不得超过1倍炮孔直径，孔底偏差不应超过±15cm；炮孔深度误差不得超过±2.5%的炮孔深度；方向误差不得超过1°。

(3) 钻进过程中，应经常监测钻孔斜度，并按设计严加控制；应对钻进过程中的岩层变化等情况，责成专人做好原始记录，为分析和解决问题提供可靠的依据。

三、药包加工与装药

做好药包、药串加工，装药量、装药结构和填塞质量均符合要求，是搞好光面、预裂爆破的重要技术措施。

药包加工一般在现场进行，通常采用两种方法：一是将炸药装填于一定直径的硬塑料管内连续装药，在全管内装入一根导爆索，导爆索长度大于孔长1.0m；二是将药卷与导爆索绑在一起再绑在竹片上，形成药串。

(一) 装药结构形式

一般采用不耦合装药，药包应尽量均匀分布在炮孔轴线上。

通常有四种装药结构。

1. 连续装药

连续装药［见图 8－5（a)］是掘进爆破作业中使用较广泛的一种形式。从口部算起，雷管位于装药长度的 1/3 处，聚能穴朝向孔底，通常口部需密实堵塞。

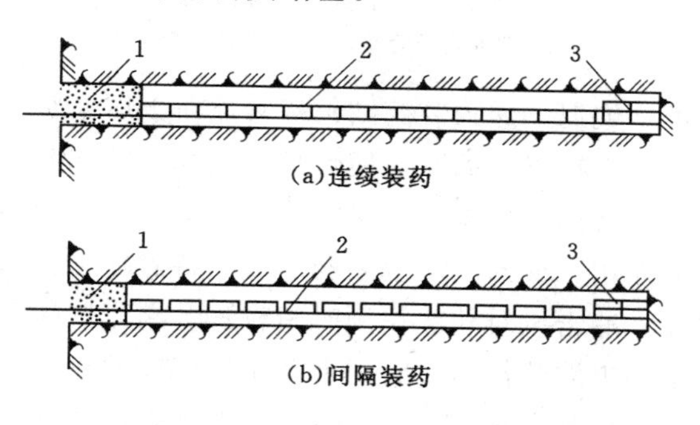

图 8－5　装药结构示意图

1—堵塞段；2—正常装药段；3—底部增强装药段

2. 间隔装药

间隔装药又称分散装药［见图 8－5（b)］，是合理使用炸药的一种形式，目前多用于光面爆破中。当炮孔较深，装药量较少，为避免炸药集中于孔底，可采用分散装药。将炸药分段捆绑在导爆索上再插入孔中。分散装药依靠导爆索起爆，雷管位置一般放在中间偏外为好。

3. 小直径药卷装药

起爆药包装于孔底，药包中雷管的聚能穴朝向孔外，称为孔底反向装药。先在孔底装入一节普通直径的反向起爆药包，然后再装入小直径炸药，孔口用少量炮泥堵塞即可（见图 8－6)。因为药卷小，爆炸时减缓了爆轰波对岩壁的冲击作用，故而可获得整齐的开挖轮廓。

4. 反向无堵塞装药

装药时，先在炮孔底部装入反向起爆药包，然后再装其余炸

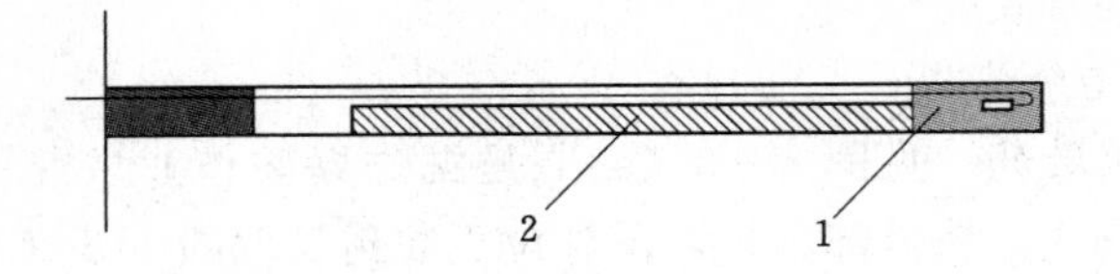

图 8-6　小直径药卷装药

1—普通直径药卷；2—小直径药卷药

药，孔口不堵炮泥，这种装药结构称为反向无堵塞装药。炸药装入孔内后，用木棍略微捣紧，使炸药和炮孔壁、炸药和炸药间保持密贴，但不必用力猛捣，以保持药卷完整，充分发挥药卷“窝心”的聚能作用。反向无堵塞装药爆破的特点在于，起爆药包在底部先爆炸，冲击波对孔底作用时间较长，高压气体不至过快逸散，增加了冲击波的作用时间，有利于轮廓面的形成。现场实践证明，当炮孔深度在1m以上，反向无堵塞装药与堵炮泥的效果相同，但炮孔深度小于1m时，以堵少量炮泥为宜。

（二）装药结构要求

装药结构一般应满足以下要求：

(1) 沿炮孔长度上的炸药能量应均匀分布，满足设计计算的线装药量要求。

(2) 装药结构还应满足设计要求的不耦合系数。

(3) 为了克服孔底夹制作用，确保预裂缝能延伸到孔底，孔底应适当增大药量。

(4) 采用间隔装药时，药卷间隔长度应不大于炸药殉爆距离的0.8倍，否则要用导爆索串接药卷。

（三）装药技术要求

钻孔工作完成后，在技术人员的指导下开始装药作业。装药工作中的操作方法和技术要求如下：

(1) 装药前应检查炮孔，吹净孔内残碴和积水，排不干积水的炮孔，爆破器材应有防水措施。装药过程中应采取必要措施避

免孔壁坍落。

(2) 一般采用人工装药。多人将加工好的药串轻轻抬起，慢慢地放入孔内，使有竹片一侧靠在保留区的一侧，药串到位后，用纸团等松软的物质盖在药柱上，然后用沙、岩粉等松散材料逐层填塞捣实。

(3) 药包应尽量在炮孔轴线位置上，力戒与孔壁紧贴。

(4) 严格按设计的药量装药，严禁随意增减药量。

(5) 在破碎岩层中钻孔经常卡钻，往往在一个孔位连续钻了几个废孔后才能完成一个炮孔。装药前应分清好孔和废孔，不能将炸药错装入废孔。

(6) 同组的作业人员应协同配合，严禁分片包干、各行其是，否则既不安全又容易出现错误。

(7) 在加工起爆药包时应顺着药卷插入雷管，禁止将雷管的聚能穴外露。雷管安装后应进行固定，注意不使雷管脱落或在药包中移动。

(8) 装药时应使用炮棍将炸药装到底。同一炮孔装两个以上药包时应记好每次炮棍插入的尺寸；当连续两次的插入尺寸与装药（填塞）量有差别时应该采取处理措施。

(9) 当采取分段装药时不能随意用炸药代替炮孔中间填塞段，也不能随意改变炮孔中装药的位置。

(10) 传递起爆药包或雷管时应该手一手传递，严禁抛掷。

(11) 按照施工标记进行装药，如错误地将药包装入已标记不能装药的炮孔，应按盲炮处理方法将炸药掏出。

四、孔口填塞

装药完成后，孔口段应进行堵塞。

（一）填塞材料

填塞材料一般采用岩粉、黄泥、沙子、黄泥和沙混合物。将炮泥制成直径 3cm，长度 15cm 左右，有一定的硬度，压实后保证炮泥与炮孔有足够的摩擦力。

（二）填塞方法

爆破员一手拉住雷管脚线，一手持炮棍，将第一个炮泥轻轻送入炮孔内与药卷接触并压实，然后逐个填塞并捣实。

（三）填塞要求

（1）在装药前应按设计要求准备好填塞料。

（2）要保证填塞质量和填塞长度。

（3）严禁使用石块和易燃材料填塞炮孔。

（4）填塞炮泥时要用木棍捣实，以防出现空洞。严禁把炮泥放进去不捣实的做法。

（5）填塞作业要注意保护好雷管脚线或导爆管，不能损坏起爆线路。

（6）严禁捣固直接接触药包的填塞材料或用填塞材料冲击起爆药包。

五、网路连接与起爆

通常采用导爆索连接网路。导爆索连接形式可采用搭接、扭接和水手接。当光面爆破和预裂爆破的规模较大时，可以采用分段起爆。在同一时段内采用导爆索起爆，各段之间分别用毫秒雷管或继爆管传爆。起爆网路如图 8－7 所示。

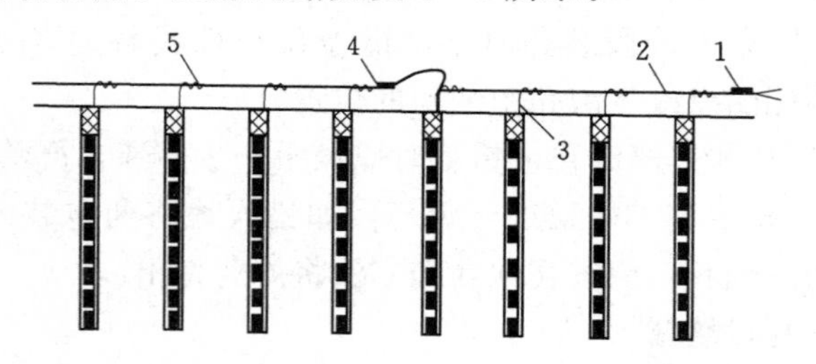

图 8－7　光面（预裂）爆破导爆索起爆网路

1—起爆雷管；2—地面导爆索主线；3—孔内引出的导爆索支线；4—孔外延期雷管或继爆管；5—支线与主线导爆索连接

（一）光面爆破网路连接与起爆

光面爆破网路连接与起爆环节，应注意以下几点：

（1）堵孔之后，沿光面孔各孔中心线敷设一条导爆索作为主线，然后将各孔露在外部的导爆索分别连在主线上，连接方式应符合导爆索网路敷设的有关规定与要求。

（2）隧道掘进光面爆破的起爆顺序一般为（图 7－17）：掏槽孔、扩槽孔、崩落孔、二台孔、内圈孔、底板孔，最后是周边孔（即光爆孔）。

（3）光爆层的爆破可在主体爆破之后单独起爆。可用瞬发电雷管、低段位的毫秒电雷管或导爆索引爆。如果主体爆破与光爆层一次点火延期爆破时，则光爆层部分的药包需用高段位的毫秒或秒延期电雷管进行爆破。

（二）预裂爆破网路连接与起爆

预裂爆破网路连接与起爆环节，应注意以下几点：

（1）堵孔后的网路连接要求与光面爆破相同。

（2）预裂孔在掏槽孔之前起爆，其他炮孔起爆顺序与光面爆破相同。

（3）一般来说，预裂爆破最好在主体爆破孔钻设之前进行。若施工有困难时，也可与主体爆破同期进行，但预裂爆破孔应超前起爆。对于软弱岩石，建议超前值不小于 150ms；对于坚硬岩石，超前值应不小于 75ms。

（4）当受一次爆破药量的限制，整个预裂爆破面不可能或不允许一次爆破时，可采用毫秒延期雷管分段一次起爆，但相邻预裂段的延期间隔不应大于 30～50ms。

第四节　爆破效果评价与验收

一、光面爆破和预裂爆破效果评价

（一）光面爆破效果评价

评定光面爆破效果优劣的主要指标是：

（1）开挖轮廓成形规整，岩面平整，达到设计要求，超欠挖量没有突破规定的指标，一般小于 50mm。

(2) 轮廓面上的半孔率达到要求，一般在 80%以上。

(3) 在周边炮孔装药部位，肉眼观察不到明显的爆破裂隙。

(4) 爆破后，经撬顶，围岩中无危石和浮石。

（二）预裂爆破效果评价

评价参数选择优劣的标准就是要看预裂爆破的质量如何，是否形成了所要求的预裂缝，对周围的岩体有无破坏。通常，在评价预裂爆破的质量时，首先直接观察爆破后出现的一些现象，初步判断预裂的效果。预裂面质量的评定结果，要等到开挖完成，预裂面被揭示出来之后才能得出。

1. *初步的评价*

爆破后应形成一条连续的、基本上沿着钻孔连心线方向的裂缝，且预裂缝要达到一定的宽度。过去，用缝宽是否达到 1cm 作为检验标准。但是，缝宽的大小与岩石的性质、强度等因素有关，不能千篇一律。一些完整性较好的坚硬岩石，不易开裂，表面的缝宽小一些并不影响预裂效果。相反，如果把缝宽标准定得过大，反而会因过量装药而带来不良的后果。如东江水电站坝基的预裂爆破位于新鲜完整的花岗岩上，当地表的预裂缝宽度达 0.5cm 时，预裂面是比较理想的，但当缝宽达到 1cm 时，表层岩石破坏严重，深部岩体也沿着层面产生错动，这说明预裂爆破的装药量已经过大了。

预裂缝顶部的岩体无破坏，这在一般情况下都应当这样要求。但在一些松软的、被构造和节理裂隙严重切割的岩体中，要使岩体表面一点都不破坏是困难的，此时，局部少量的表面破坏、松动或预裂缝的偏斜等，只要不影响整个预裂面的质量，应该是可以允许的。

在有条件的地方，应当采用声波探测、孔内电视等手段，检查预裂缝的状况。

2. 最终评定

将爆落的岩石挖运后，预裂面全部显露出来，才能最终评价预裂效果，其评价内容包括：

（1）预裂面的不平整度。即实际的开挖轮廓与设计开挖线的差值，一般要求不超过15cm。

（2）预裂面上的半孔率。优良的预裂面，钻孔的痕迹可保留80%～90%以上。

（3）预裂面上的岩体完整，不应出现明显的爆破裂隙，特别要注意检查药卷所在位置处的岩体损伤情况。

二、光面爆破和预裂爆破验收

（一）质量验收内容

光面爆破和预裂爆破验收分为主控项目和一般项目。半孔率、壁面平整度和边坡坡率为光面、预裂爆破质量验收指标的主控项目。而预裂爆破裂缝宽度、坡面观感为光面、预裂爆破质量验收指标的一般项目。

（二）主控项目质量验收

1. 检测数量

（1）半孔率指标检测数量，按不同的地质区段（或同一地质区每100m分2段）分别进行全面统计计算。

（2）壁面平整度和边坡坡率（边坡坡率系指边坡坡面水平方向上的投影长度与边坡铅垂方向上高度的比值）。指标检测数量，每开挖层每100m等间距检测6个断面，检测断面应在两个残留炮孔中间。

2. 检测方法

（1）半孔率检测方法：采用观察、米尺测量手段检测，量尺误差应小于0.2m。

（2）坡面平整度和边坡坡率指标检测方法：在确定检测断面前方架设全站仪，从坡脚开始垂直向上每隔1m测量一个坡面坐标，计算出坡面平均坡率，再根据平均坡率线计算各测点的偏差，即坡面凹凸差，凹陷取正值，凸起取负值。

3. 质量评价标准

（1）不同岩性边坡光面、预裂爆破后坡面半孔率的质量标准，如表 8－4 所示。

表 8－4　按岩面半孔率验收光面（预裂）爆破质量标准

质量等级	硬岩（Ⅰ、Ⅱ级）	中硬岩（Ⅲ级）	软岩（Ⅳ、Ⅴ级）
合 格	半孔率 $\eta \geqslant 80$	半孔率 $\eta \geqslant 50$	半孔率 $\eta \geqslant 20$

注　资料源于《土方与爆破工程施工及验收规范》（GB 50201—2012）。

（2）光面（预裂）爆破形成的边坡坡面应平顺，坡面平整度（凹凸差）小于±150mm 为合格。局部地质原因的超标凹凸差，应据实确定。

（3）光面（预裂）爆破形成的边坡坡率应符合表 8－5 规定的质量标准。

表 8－5　光面（预裂）爆破边坡坡率评价标准

项　　目	允许偏差	质量等级
倾斜坡面坡率 ϕ	±2°	合格
垂直坡面坡率 ϕ	±2°，不允许倒坡	合格

（三）一般项目质量验收

1. 预裂爆破裂缝宽度

（1）检测数量：每 100m 等间距检测 6 个点；检测方法：尺量。

（2）评价标准：预裂爆破后，裂缝应沿预裂孔中心连线贯通，裂缝宽度以 5～20mm 为合格。

2. 坡面观感

（1）检测数量：全部检查。

（2）检测方法：建设单位组织施工单位、监理单位现场共同观察。光面（预裂）爆破残留的半孔壁面上应没有肉眼明显可见的爆振裂缝，坡面观感应达到稳定、平整、美观的要求。

第九章 拆除爆破

第一节 概　述

随着我国经济建设的高速发展和城镇化进程的加快，大量的废旧建（构）筑物需要拆除。拆除爆破以其快捷、简便的特点受到重视，并在拆除市场占据重要的位置。随着这门技术的日臻完善及其带来的显著的社会和经济效益，拆除爆破已成为建（构）筑物拆除的主要方法之一。

一、拆除爆破的定义与分类

（一）拆除爆破的定义

拆除爆破是指按设计要求，采用爆破方法拆除建（构）筑物，同时控制有害效应的爆破作业。

（二）拆除爆破的分类

20 世纪 50 年代以来，钻孔机具、爆破器材和计算机技术的发展为工程爆破现代化提供了坚实的物质基础，大大地促进了工程爆破的迅速发展，拓宽了其应用领域。拆除爆破作为工程爆破的一个分支，已从传统的建（构）筑物拆除爆破渗透到工程爆破领域的许多方面，特别是进入 20 世纪 80 年代以后，拆除爆破已形成内涵广泛、门类众多的综合体系。拆除爆破如果以拆除对象的不同进行分类可分为如图 9－1 所示的六大类。

如果从爆破方法上加以区分，拆除爆破包括：炮孔爆破法、静态膨胀剂破碎法、水压爆破法、聚能爆破法等。

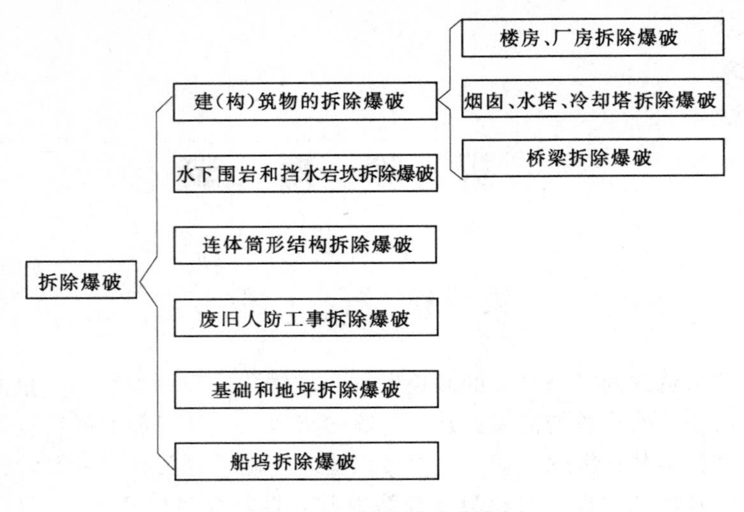

图 9-1 拆除爆破分类

二、拆除爆破的技术特征

拆除爆破成功与否的关键在于以下三个因素：一是要充分了解建（构）筑物的结构尺寸特征；二是根据结构的受力状况，合理地选择装药结构和起爆方法，破坏其关键部位；三是设计与施工应满足安全要求。与其他爆破技术相比，拆除爆破有以下几个特点：

（1）拆除爆破属于控制爆破，在拆除爆破中要严格做到：控制破坏范围；控制破碎程度；控制爆破有害效应，如爆破引起的地震、个别飞散物、空气冲击波、噪声、水中冲击波、动水压力、涌浪、粉尘、有害气体等。

（2）环境复杂。城镇拆除爆破一般在闹市区、居民区、工厂区施工。爆区周围有各种建（构）筑物，地下又敷设多种管线和其他设施。爆破时要确保人员、设备、设施及建（构）筑物的安全。

（3）拆除爆破的拆除对象种类繁多，结构复杂，材料类型各

异。拆除对象有建筑物，也有构筑物；建筑材料既有混凝土、钢筋混凝土，也有砖石、钢材等。因此，应全面了解爆破对象，根据爆破对象的类别采用不同的拆除方案、爆破参数和装药量。

(4) 拆除爆破起爆网路复杂，延时精度要求高。采用爆破法拆除建（构）筑物时，有时一次起爆数千甚至上万个炮孔。为了有效地控制倒塌方向、坍塌范围和减少爆破的有害效应，还必须严格控制药包起爆的先后顺序和延期时间。

三、拆除爆破的技术要求

根据拆除爆破的技术特征，拆除爆破的技术要求主要有以下几个方面。

（一）控制炸药用量

拆除爆破往往在城市复杂环境中进行，过量装药在完成介质破碎的同时，还会产生爆破振动、飞石、冲击波和噪音污染。因此，拆除爆破应当尽可能少用炸药，将其能量集中于结构失稳，而充分利用剪切和挤压冲击力，使建筑结构解体。完全依靠炸药将混凝土结构破碎，在城市拆除爆破中不是一种可取的办法。

（二）控制爆破界限

拆除爆破必须按工程的要求进行，有时要改建的大楼仅拆除几跨或几层，其余部分需保留，有时一个设备基础需爆除一半，另一半要安装新的设备。这就需要严格控制爆破的边界，使保留的那部分结构不受影响，这一要求正在逐步地向地下结构施工中延伸。如在地下连续墙上开门、开孔，在盾构工作井中打开直径十几米的盾构推进工作面，这类工程采用拆除爆破技术可以大大加快施工进度。但其要求就是要严格控制爆破的界限，也就是说爆破作业既要爆破被拆除物，又不能损坏保留体，否则就不能采用爆破拆除。

（三）控制倒塌方向

建（构）筑物拆除爆破要控制其倾倒方向。城市拆除爆破工程一般受到场地的限制，特别是对于高层建筑和高耸构筑物，如烟囱、水塔等，往往只有一个方向的空地可供倾倒，这就要求定向非常准确，一旦反向倒塌或侧偏都将造成严重事故。国内已有烟囱爆破失误而导致烟囱背离设计方向，反向倾倒在需要保护的车间上，造成房毁人亡的重大事故。因此，准确定向是拆除爆破成功的前提。

（四）控制堆碴范围

由于城市拆除爆破场地的限制，控制建筑物爆堆的堆积范围，是设计施工中需要重点考虑和关心的问题。对于高层大体量的建筑物，爆破解体后碎碴所堆积的范围远大于建筑物的占地面积，如果不采取有效的技术措施，一旦大楼爆破解体后爆堆超出允许范围，将导致周边被保护的建筑和设施的严重损坏。高层建筑物爆破后，重力作用下的挤压冲击力是很大的，其触地后的碎碴还是有很大的能量，如果一旦超出规定范围，不仅造成周围房屋损坏，还会导致道路交通堵塞、市政设施破坏，后果极其严重。

拆除爆破之所以被称为高危行业，除了炸药爆破的巨大能量外，还要考虑许多其他因素，只有做到了上述几个“控制”要求，才能使爆破作业得以安全实施。

四、拆除爆破的基本原理

由于拆除爆破的特殊性，在设计与施工过程中应遵循等能、微分、失稳、缓冲等基本原理，以达到既保证拆除爆破的效果，又减弱和消除爆破危害的目的。

（一）等能原理

等能原理即是根据爆破对象、条件和要求，优选各种爆破参数和采用合理的装药结构、起爆方式，使每个炮孔所装的炸药在爆炸时释放出的能量与炮孔周围介质达到预期爆破效果所需能量相等。

（二）微分原理

拆除爆破中，为了控制爆破振动、飞石、冲击波和噪声，除了控制药量以外，还应使爆破能量分布均匀，形成多点分散的布药形式，防止能量过于集中，这就是微分原理，即“多打眼，少装药”。将药量合理地分装在许多炮孔中，或将单孔药量分散成多个药包，再采用毫秒延时爆破，使总装药量在时间上和空间上分散开来，既可以达到破碎效果的要求又可以控制爆破有害效应。因此，拆除爆破微分原理是孔网参数设计的主要依据之一。

（三）失稳原理

采用控制爆破法将结构物的某些关键部位炸毁，使之失去承载能力，迫使结构物的整体失去稳定性，然后在自重作用下定向倒塌或原地坍塌的设计思想称为失稳原理。

当爆破拆除钢筋混凝土框架大楼，并根据上述失稳原理设计和施工时，应当遵守下述几点原则。

1. 形成拆除爆破所需的铰支和倾覆力矩

拆除方式可分为原地坍塌、折叠倾倒和定向倒塌等，其共同特点是均需形成倾覆力矩和相当数量的铰支。

铰支是由结构的支撑立柱某一部位被爆破破碎后失去其支撑能力所形成的。对于钢筋混凝土立柱，一般只需对立柱某一部位的混凝土进行爆破使钢筋出露，并在结构自重作用下失稳或发生塑性变形，失去承载能力，形成铰支。

实践表明，结构的重力倾覆力矩可以通过以下几种方法获得：

（1）在倾倒方向上各排立柱的破坏高度不同来形成倾覆力矩。

（2）运用延时起爆技术，使各排立柱按照严格的延时间隔顺序起爆来形成倾覆力矩。

（3）将不同破坏高度的承重立柱延时起爆，形成倾覆力矩。

2. 满足最小破坏高度

必须对整体框架中一定高度的承重立柱充分破碎，造成框架结构在自重作用下偏心失稳。如果被爆破破碎的混凝土脱离钢筋骨架，当该承重立柱顶部承受的静压荷载达到失稳临界荷载或超过其抗压强度极限时，立柱便失稳塌落。满足上述条件时的立柱底部破碎高度称为最小破碎高度。此外，承重立柱爆破破碎高度还应满足框架倾倒瞬间有一定的触地冲量，以使框架断裂和解体。

3. 预拆除处理

对于钢筋混凝土框架结构，凡妨碍倾倒的梁、柱、板等在主爆之前必须预先切除，即进行预拆除。需要注意的是，预拆除不能影响建筑物的稳定性，要进行结构的稳定性验算，以保证施工安全。

（四）缓冲原理

在优选适合的控制爆破炸药及装药结构等基础上，削弱爆炸应力波的峰值压力对介质的冲击破坏作用，使爆破能量得到合理的分配与利用称为缓冲原理。

对于拆除一部分构筑物，保留另一部分的情况，应利用缓冲原理，并采取相应的技术措施，以缩小或避免粉碎区的出现。常用的方法是“不耦合装药”。

拆除爆破中的爆破参数的计算还是以经验公式为主，虽然利用上述各种原理进行设计，可以使爆破飞石、空气冲击波和爆破振动等危害得到一定的控制，但不能完全消除，特别是拆除爆破环境复杂，需要严格控制爆破危害。

为确保爆破施工安全，还必须进行有效的防护。

五、拆除爆破的分级

根据《爆破安全规程》（GB 6722）拆除爆破分级标准见表 9－1。

表 9-1　　拆除爆破分级标准

分级计量标准	单位	A	B	C	D
高度 H	m	$H\geqslant70$	$40\leqslant H<70$	$15\leqslant H<40$	$H<15$
一次爆破总药量 Q	t	$Q\geqslant2.0$	$1.0\leqslant Q<2.0$	$0.1\leqslant Q<1.0$	$Q<0.1$

表 9-1 中高度对应的级别指楼房、厂房的拆除爆破；烟囱拆除爆破相应级别对应的高度应增大至 2 倍；水塔及冷却塔拆除爆破相应级别对应的高度应增大至 1.5 倍。

拆除爆破按一次爆破总药量进行分级的工程类别包括：桥梁、支撑、基础、地坪、单体结构等。城镇浅孔爆破也按此标准分级；围堰拆除爆破相应级别对应的总药量应增大至 20 倍。

虽达到 D 级药量，但距爆破物 200m 范围内无任何重要保护对象的拆除爆破工程可不实行分级管理。

第二节　基础拆除爆破

一、基础拆除爆破的主要特点

基础拆除爆破有以下特点：

(1) 种类繁多。基础的种类繁多，包括塔基、墙基、柱基、机器设备基础、桥台和桥墩、河堤和护坡、混凝土桩头和大型构件、基坑的混凝土支撑等。基础的形状多样，有块体、条形、柱状、板状等。

(2) 材质多样。基础的材质包括混凝土和钢筋混凝土，浆砌块石、片石或砖砌体，三合土和古黏胶土（石灰、砂土和糯米胶黏体）等。基础的布筋情况、结构状况、施工质量千差万别，强度不一。

(3) 要求不同。要求人工清碴时的破碎块度小于机械清碴，当只拆除建（构）筑物的一部分，另一部分需要保留时，应采用切割爆破法，要求保留部分完整无损。

(4) 环境复杂。拆除爆破常在城镇或居民点进行，环境复杂。由于环境条件的不同，对爆破的安全要求各有侧重。

二、基础拆除爆破的设计原则

为了取得良好的爆破效果，并确保安全，拆除爆破应遵循以下设计原则：

(1) 当环境条件复杂时，应采用较小的孔网参数，进行微量装药或分层装药，对抵抗线的方向和大小、起爆方法和起爆顺序等进行合理设计，严格控制爆破飞石、爆破振动等危害。

(2) 在环境条件许可时，可选用稍大的炸药单耗，以改善破碎效果；也可采用较大的孔距和排距，提高爆破效益，但应从起爆技术、布孔方法等方面采取适当的措施，以便降低大块率。

(3) 在认真做好爆破技术设计的同时，应重视安全防护设计，确保环境安全。

三、基础拆除爆破的技术设计

(一) 炮孔参数

1. 孔径 d

一般采用浅孔爆破，钻头直径为38～40mm，钻出的孔径为 $d=(40\sim42)$mm。

2. 最小抵抗线 W

最小抵抗线 W 是影响爆破飞石的重要参数。最小抵抗线过大，破碎效果差；过小，则容易形成飞石。调整最小抵抗线的方向可以改变飞石的主要方向。为使爆破的技术经济指标趋于合理，应该在满足施工要求与爆破安全的条件下选用较大的 W 值。

(1) 根据被爆破对象的材质确定最小抵抗线 W 值，机械清碴时可放大至 $W=0.6\sim1.0$m。

(2) 根据被爆体形状确定最小抵抗线 W 值。对梁、柱、墙，取 $W=B/2$，其中 B 为宽度；对拱形爆破体，指向外侧的最小抵抗线 $W=(0.65\sim0.68)B$，如图 9－2 所示；条形基础可沿中线布孔，此时 $W=B/2$，如图 9－3 (a) 所示，为了防止因炮孔钻

偏而在某一段留下半壁基础的现象，也可采用锯齿形布孔法，如图 9－3（b）所示；炮孔偏离中心线的距离 δ 以不大于 0.2W 为宜。

（3）根据孔径和孔深确定 W 值。

$$W=(8\sim15)d \text{ 或 } W=(4\sim5)d^{\frac{2}{3}}l^{\frac{1}{3}} \tag{9-1}$$

式中：d 为炮孔直径，m；l 为钻孔深度，m。

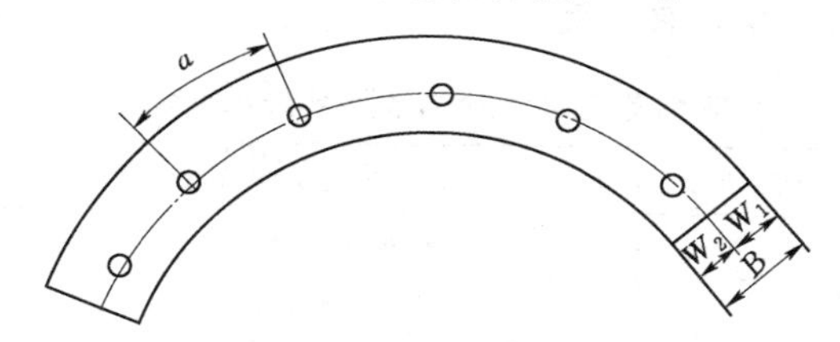

图 9－2　拱形体的布孔方式

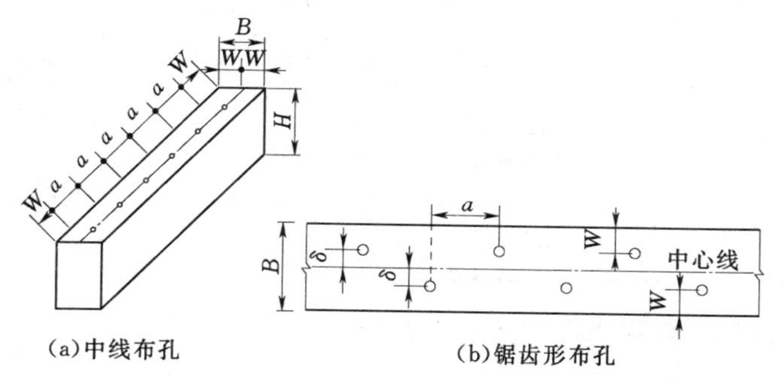

图 9－3　条形体的布孔方式

3. 孔距 a 和排距 b

孔距和排距对爆破效果、爆破安全和炸药能量利用率均有直接影响。如果孔距和排距过大，则相邻孔中群药包的共同作用过小，大块增多；反之，钻爆工作量增加，影响施工进度。另外，相邻药包的距离（包括相邻两孔的药包间距或同一炮孔分层装药的药包间距）不宜小于 20cm，以免先爆药包形成的冲击波造成相邻的后爆药包爆炸不完全或拒爆，即“压死”现象。孔距可按下式确定：

$$a=mW \tag{9-2}$$

式中：m 为炮孔密集系数。m 值的大小反映了炸药能量在平面上的分布情况，直接影响破碎效果。为了获得好的破碎效果，应取 $m \geqslant 1$；为了获得好的光面爆破效果，光面孔应取 $m=0.5 \sim 0.8$。m 的取值还与爆破材质有关，如表 9-2 所示。表中取 m 值时，材质强度高取小值。

表 9-2　　密集系数 m 和边界条件系数 c 的取值

<table>
<tr><td colspan="2">密集系数 m 的取值</td><td colspan="2">边界条件系数 c 的取值</td></tr>
<tr><td>材质</td><td>m</td><td>底部边界条件</td><td>c</td></tr>
<tr><td rowspan="2">混凝土块体</td><td rowspan="2">1.0～1.3</td><td>底部为临空面</td><td>0.6～0.65</td></tr>
<tr><td>底部为土质垫层</td><td>0.65～0.75</td></tr>
<tr><td>钢混凝土结构</td><td>0.7～1.0</td><td>底部为断裂面或施工接缝</td><td>0.7～0.8</td></tr>
<tr><td>钢混凝土梁、柱</td><td>1.2～2.0</td><td>设计的底部爆裂面位于变截面上</td><td>0.85～0.95</td></tr>
<tr><td>浆砌块石</td><td>1.0～1.5</td><td>设计的底部爆裂面位于等截面上</td><td>1.0</td></tr>
<tr><td colspan="4">被爆体为板块结构（板厚 δ）</td></tr>
<tr><td rowspan="2">浆砌砖墙</td><td rowspan="2">1.2～2.0</td><td>板块两侧均为临空面</td><td>(0.6～0.65) δ</td></tr>
<tr><td>板块仅一侧为临空面</td><td>(0.7～0.75) δ</td></tr>
</table>

根据孔距和起爆方式确定排距 b：

多孔齐发爆破

$$b=(0.6 \sim 0.9)a$$

排间微差爆破

$$b=(0.9 \sim 1.0)a$$

4. 孔深 l

孔深与爆破体的高度 H 和边界条件有关。当爆破体高度较大时，应采用分层爆破，上、中层炮孔取 $l=H$。

在确保 $l>W$ 的前提下，取：

$$l=CH \tag{9-3}$$

式中：H 为被爆体拆除部分的高度（或厚度），当高度较大时，应分梯段爆破，每一梯段一般不超过 2.0m；c 为边界条件系数，按表 9－2 选取。

对于立柱，一般沿长边钻孔，孔深 l 取：

$$l=\frac{(B+l')}{2} \tag{9-4}$$

式中：B 为立柱长边长度，m；l'为药卷长度，m。

（二）药量计算

由于基础是形状多样而独立的块体，在基础拆除爆破中，各个炮孔所在位置、起爆时间、自由面条件不同，爆破条件差异较大。因此，对于基础拆除爆破，应先根据单孔爆破体积和用药量系数 k'计算单孔药量 q，累加得总药量 Q，然后再根据单位炸药消耗量 k 和整个基础的体积对总药量 Q 进行验算。单孔药量按体积公式计算：

$$q=k'V' \tag{9-5}$$

式中：q 为单孔装药量，g 或 kg；k'为基础拆除爆破的单位用药量系数，取值可参考表 9－3，g/m^3 或 kg/m^3；V'为单孔承担的爆破体积，m^3，最后一排孔承担的爆破体积仍按 abH 计算。

各孔药量累加得整个基础的装药量：

$$Q=\sum_{i=1}^{n} q_i \tag{9-6}$$

另一方面，整个基础的装药量 Q 也应该符合体积公式：

$$Q=kV \tag{9-7}$$

式中：Q 为整个基础的装药量，kg；V 为整个基础的体积，m^3；k 为整个基础的单位炸药平均消耗量，kg/m^3。

表 9－3 基础拆除爆破单位用药量系数k'和单位炸药平均消耗量k

基础名称	W (cm)	单位用药量系数 k' (g/m³)			k (g/m³)
		1个	2个	多个	
混凝土强度较低	35～50	150～180	120～150	100～120	90～110
混凝土强度较高	35～50	180～220	150～180	120～150	110～140
混凝土桥墩及桥台	40～60	250～300	220～250	150～200	150～200
混凝土公路路面	45～50	300～360	—	—	220～280
钢筋混凝土桥墩台帽	35～40	440～500	360～440	—	280～360
浆砌片石或料石	50～70	400～500	300～400	—	240～300

注 表中所列的k'和k值，适用于2号岩石硝铵炸药和8号雷管。

单位用药量系数k'（对单孔而言）与单位炸药平均消耗量k（对整个基础而言）是不同的两个概念。因为基础是多自由面的块体，所以通常$k'>k$，它们的取值见表9－3。

根据式（9－6）和式（9－7）计算的总药量应基本相符，否则应调整单孔药量。另外，还应根据各孔的自由面条件适当调整单孔药量。

四、基础拆除爆破的施工

（一）炮孔布置

合理地布置炮孔是保证爆破效果和爆破安全的重要措施，应根据爆破体的材质、形状、尺寸、结构、施工条件和对爆破效果的要求等综合考虑。基础拆除爆破一般采用垂直孔，因为其钻孔、装药和堵塞作业的效率均高于其他类型的炮孔；只有当受到爆破体结构类型的限制和施工不便时，才采用水平孔或倾斜孔。

炮孔布置的原则是力求炮孔排列规则、整齐，以便药包均匀地分布于爆破体中，保证爆破块度均匀。一般采用交错布孔，少数布置为平行孔。当钻孔遇到钢筋时，需调整孔位。

（二）分层装药及药量分配

当孔深$l=(1.6\sim2.5)W$时，将单孔药量分成两个药包、两层装药；当 $l=(2.6\sim3.7)W$ 时，分成三个药包、三层装药；当 $l>3.7W$ 时，分成四个药包、四层装药。分层装药时，首先应保证堵塞长度，然后将剩余孔深按设计的分层层数 n，等分成 $n-1$ 个间隔，并检验药包间距 a_1 是否满足 $20\text{cm}\leqslant a_1\leqslant W$（或 a）的要求。如图 9-4 所示。

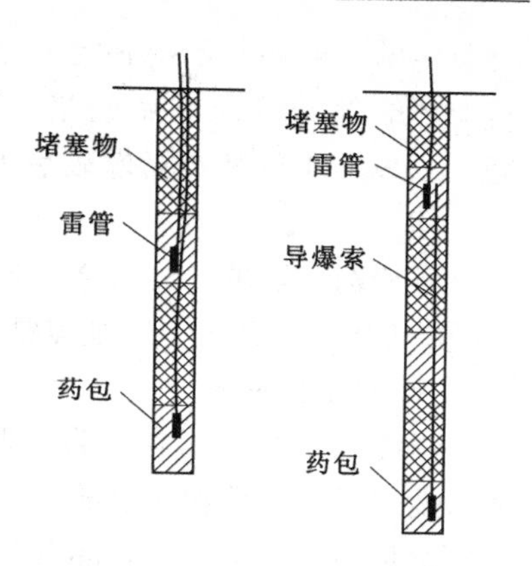

图 9-4　分层装药结构示意图

基础拆除爆破应适当加强底部装药，使底部破碎比较充分，以利于挖掘清碴；上部药包的作用是控制块度，应减弱装药，以利于控制飞石。一般在材质与强度均匀单一的爆破体中，单孔药量 q 的分配原则为：两层装药时，取上层药包等于 $0.4q$、下层药包 $0.6q$；三层装药时，取上层药包等于 $0.25q$、中层药包 $0.35q$、下层药包 $0.4q$；四层装药时，从上至下的药包依次为 $0.15q$、$0.25q$、$0.25q$、$0.35q$。在材质或强度不均匀的爆破体中，在单孔药量不变的前提下可适当调整药包的药量。

第三节　建筑物拆除爆破

一、建筑物的倒塌方式

建筑物的倒塌方式有原地坍塌、定向倒塌、折叠倒塌和逐跨倒塌等四种。

（一）原地坍塌

原地坍塌多用于排架结构的厂房、仓库等建筑物和跨度大于高度的砖混结构楼房拆除。厂房拆除时，通常是把承重墙、立柱炸掉，屋顶直接塌落下来。楼房拆除时，先将最下一层或两层内的隔断墙拆除并清空；然后爆破所有承重墙、柱；并对其上部的部分楼层的梁柱进行局部爆破，使整座楼房原地倒塌。原地坍塌的特点是爆破后框架的重心不偏斜，框架直接下落（图 9－5）。

原地倒塌爆破工艺简单，要求四周场地的水平距离有 1/3～1/4 建筑物高度即可。其缺点是钻爆工作量较大。

（二）定向倒塌

当建筑物的一侧有较为空旷的场地时，可采用定向倒塌方案。施工时首先拆除底层的非承重内隔墙，部分内承重墙在不影响建筑物稳定的条件下，亦可预先拆除。然后，对设计倒塌方向一侧的承重墙、柱实施爆破。炮孔布置高度由外向里逐排减小，最后一排墙、柱的支撑点不爆破或减弱爆破。在爆破的瞬间，建筑物的质量全部作用在未被爆破一侧的承重墙、柱上，以此承重墙、柱的底部作为倾倒的铰支点，建筑物在倾覆力矩 M 的作用下倾倒、触地解体（图 9－6）。

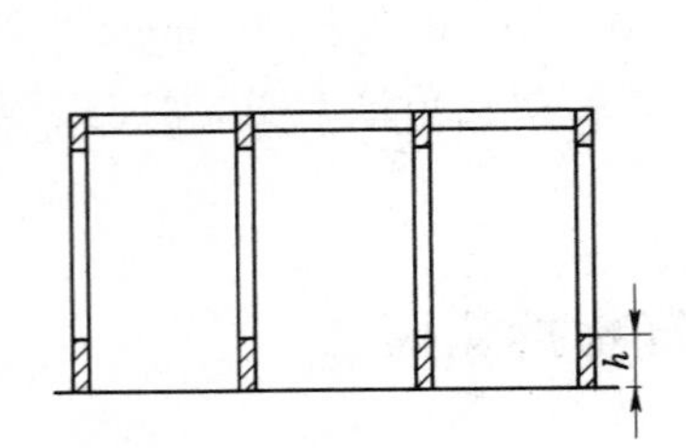

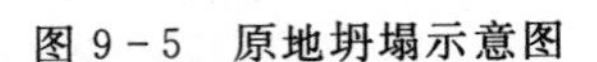
图 9－5　原地坍塌示意图

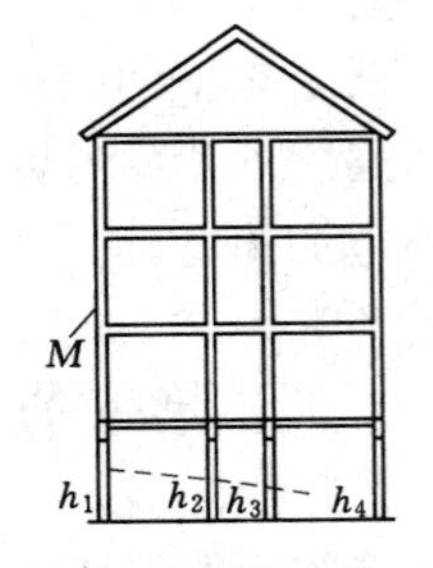

图 9－6　定向倒塌示意图

定向倒塌方案的优点是爆破工作量小、拆除效率高。但在建筑物倒塌方向一侧应有不小于建筑物高度 2/3 的场地。

（三）折叠倒塌

折叠倒塌是将多层建筑物分层实施“定向倒塌”的爆破方案。工艺过程是利用延时起爆，将一层或数层为一组，向建筑物的一侧倒塌，在其上部的一层或数层为一组向同侧或另一侧倒塌。

根据建筑物倒塌方向，将折叠倒塌分为单向折叠倒塌、内向折叠倒塌和交替折叠倒塌三种（图 9－7），其应用条件列于表 9－4。

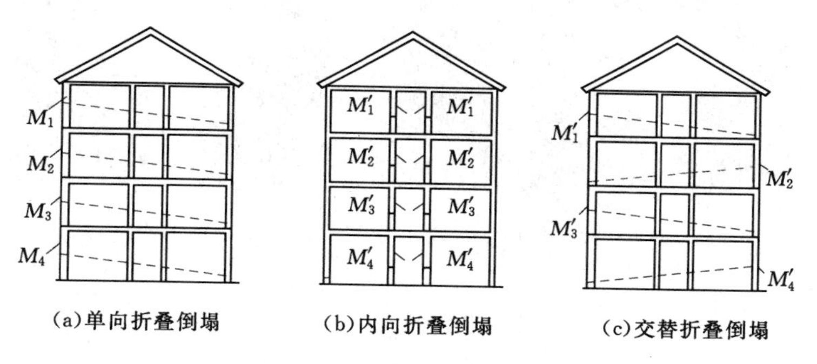

图 9－7 建筑物折叠倒塌示意图

表 9－4 **折叠倒塌的应用条件**

折叠倒塌方式	应用条件
单向折叠倒塌	L^* 接近或等于楼高的 1/2～2/3
内向折叠倒塌	L^* 等于楼高的 1/3～1/2
交替折叠倒塌	L^* 等于或大于楼高的 1/2

注 L^* 为空旷场地水平距离。

组图 9－8 是 2007 年 12 月武汉爆破公司拆除 19 层框剪结构楼房双向三折叠爆破的照片。

（四）连续倒塌

连续倒塌也称逐跨倒塌，施工时把建筑物在水平方向分成若干区段，各区段按照一定的间隔时间逐段顺序起爆。主要应用于高宽比不大，不具备原地倒塌条件和定向倒塌条件的钢筋混凝土框架结构的建筑物（图 9－9）。

在连续倒塌方案中欲取得良好的爆破效果，必须准确地确定

图 9－8　武汉 19 层框剪楼房双向三次折叠爆破

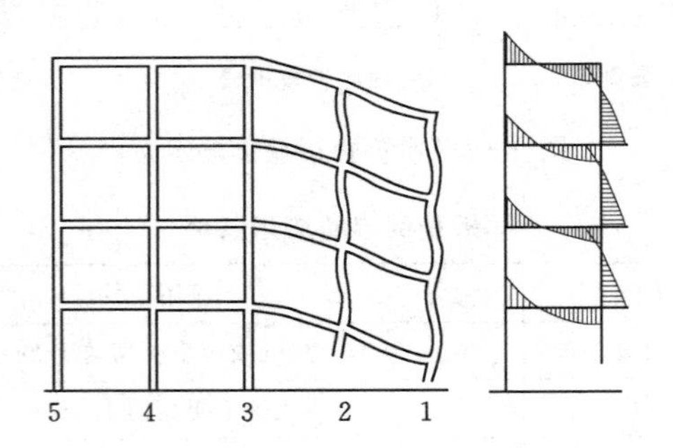

图 9－9　建筑物连续倒塌示意图

1，2，3，4，5—倒塌次序

各区段的延期时间。若延期时间过短，前一区段构件来不及充分解体，后一区段则起爆，达不到逐段解体的目的。若延期时间过长，则前一区段构件解体触地后施加于后一区段一个支撑力，必然影响后一区段的解体效果。依经验，延期时间取 0.5～1.0s 为宜。

二、建筑物拆除爆破设计

（一）切口高度的计算

楼房爆破参数很多，但爆破切口高度（h）是最重要的参数

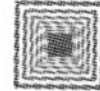

之一，也是决定整个楼房爆破是否成功的关键。其计算方法有以下四种。

1. 用爆高比计算最小切口高度

爆高比为爆破缺口高度 h 与承重立柱高度 H 的比值，即：

$$爆高比=\frac{爆破缺口高(h)}{承重立柱高(H)}$$

通常爆高比大于 0.25，即：

$$\frac{h}{H}\geqslant 0.25\sim 0.50$$

所以

$$h\geqslant(0.25\sim 0.5)H \tag{9-8}$$

2. 利用楼房倾倒产生的偏心矩确定切口高度

用爆破法使楼房定向倒塌时，在楼房的两侧不同高度的切口所产生的高度差，使得整个楼房获得一个重力偏心矩，促使楼房向预定方向倒塌。按定向倒塌的基本条件推导出切口高度如下：

$$h\geqslant\frac{L\delta}{2H} \tag{9-9}$$

式中：L 为墙（柱）间跨度，m；δ 为墙体厚度或立柱宽度，m；H 为楼房底层的高度，m。

由式（9-9）可以看出，对于高宽比很大，支撑构件为薄窄的构件，爆破切口的相对高度可以取小值；反之，对于跨度大，荷载较轻的轻型建筑物可取大值。

3. 利用立柱和梁间的抗弯强度确定最小切口高度

在钢筋混凝土结构中，弯矩破坏是解体的主要形式。因为，当立柱被炸毁一定高度，建筑物处于失稳状态时，解体主要是克服立柱和梁的抗弯强度。

立柱最小炸毁高度按下式计算：

$$h_{\min}=(30\sim 50)\phi \tag{9-10}$$

式中：ϕ 为立柱主筋直径，cm。

但是，在实际工程中为了确保建筑物的顺利倒塌，最小切口高度（h_{min}）往往须增大一定的倍数，故切口高度可按式（9－11）计算：

$$h=k(h_{min}+B) \quad (9-11)$$

式中：h 为切口高度，m；k 为经验系数，$k=1.5\sim2.0$；B 为立柱截面最大边长，m。

4. 依结构力学原理确定最小切口高度

$$h_{min}=\frac{B}{h_g e} \quad (9-12)$$

式中：h_{min}为最小切口高度，m；B 为结构倾倒时的转动轴至结构重心移出结构外部的距离，m；h_g 为结构的重心高度，m；e 为使结构发生倾倒，重心偏移的最小距离，m。

（二）炮孔直径和炮孔深度

炮孔直径 d 多为 38～44mm。

炮孔深度 l 不小于 1.1～1.2 倍的最小抵抗线。为使钻孔、装药及堵塞操作能顺利进行，炮孔深度不宜超过 2m。

炮孔深度 l 与一次爆除厚度 H 有关，在确保炮孔深度 $l>W$ 的前提下，当爆破体底部有临空面时，取 $l=(0.5\sim0.65)H$；底部无临空面时，取 $l=(0.7\sim0.8)H$。孔底留下的厚度应等于或略小于侧向抵抗线，这样才能保证下部的破碎，又能防止爆炸气体从孔底冲出，产生坐炮，而爆破体侧面和上部又得不到充分破碎。

（三）单位体积炸药消耗量

为了保证爆破的设计效果，则应对爆破体进行小范围内的试爆，根据试验结果选定 k 值。试验爆破要按实爆时设计的孔网参数进行布置炮孔，试爆的炮孔不应少于 3～5 个。可以根据试验爆破体的材质初步选取 k 值，计算炮孔的装药量。试验爆破的 k 值一般应选取小值，按照“宁小勿大，只松不飞，确保安全”的原则进行试爆。

（四）爆破网路

拆除爆破起爆网路的特点是雷管数量多，起爆时间要求准

确。为此均采用电雷管起爆网路和导爆管雷管起爆网路。

拆除爆破采用电力起爆系统要严格按设计网路施工，校核起爆器的输出功率，确保流经每个雷管的电流强度要满足《爆破安全规程》（GB 6722）的相关要求。

导爆管雷管起爆网路起爆量大，网路连接施工方便，在拆除爆破工程中用得最多。导爆管雷管起爆网路连接多采用束（簇）接和四通连接。大规模爆破或重要的爆破工程起爆网路要采用复式起爆网路。导爆管雷管起爆网路的起爆点火可以采用电力起爆或导爆管击发器起爆。

第四节　构筑物拆除爆破

构筑物是指为某种工程目的而建造的，人们一般不直接在其内部进行生活活动的某项工程实体和附属设施，如烟囱、水塔、冷却塔、堤坝、囤仓等，桥梁也属于构筑物。本节主要介绍烟囱、水塔、冷却塔和桥梁的拆除爆破。

一、高耸构筑物拆除爆破

烟囱与水塔的拆除爆破原理和施工工艺相类似，所以这里仅介绍烟囱的拆除爆破。

（一）烟囱的结构简介

通常烟囱横截面以圆筒式为主，偶有多角形的。烟囱有砖烟囱和钢筋混凝土烟囱两类。一般由筒身、隔热层、内衬、烟道、基础等组成，如图 9－10 所示。

（二）烟囱等级的划分

烟囱本身就是一个高耸构筑物，但是随着高度的增加，其尺寸、材料、结构、安全性以及拆除爆破的方法都有所不同。《爆破安全规程》（GB 6722）在拆除爆破分级中，按烟囱高度的不同，将工程级别分为四级，见表 9－1。级别越高，拆除难度越

大。根据《烟囱设计规范》（GB 50051）的规定，烟囱按其高度分为两个等级：烟囱高度大于或等于 200m，安全等级为一级；烟囱高度小于 200m，安全等级为二级。

（三）烟囱拆除爆破的主要倒塌方案

烟囱的倒塌方案主要有定向倒塌和折叠倒塌两种方案。

1. 定向倒塌

定向倒塌的原理是在烟囱一侧的底部，将其支承筒壁炸开一个一定高度，长度等于或略大于该部位筒壁周长 1/2 的爆破切口，从而破坏其结构的稳定性，导致整个结构失稳和重心外移，在自重作用下形成倾覆力矩，迫使烟囱按预定方向倾倒。定向倒塌方案是拆除烟囱等高耸构筑物时，使用最多的方案。它要求在其倒塌方向必须具备一个一定宽度和长度的狭长场地，具体的应用条件示于表 9-5。

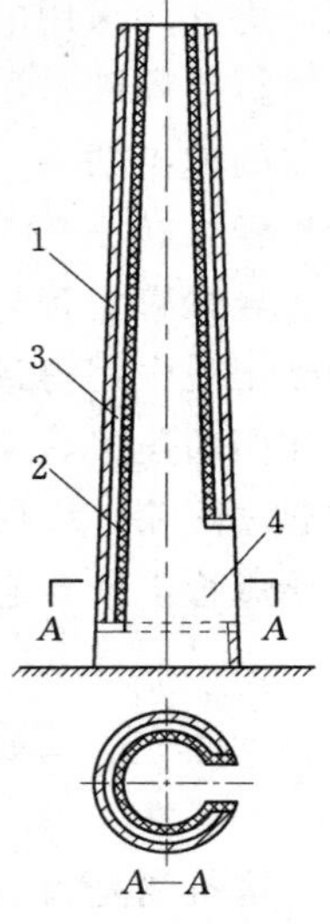

图 9-10　烟囱结构示意图
1—筒身；2—内衬；3—隔热层；4—烟道

表 9-5　　烟囱定向倒塌方案应用条件

烟囱类型	倒塌方向水平距离[①]	垂直倒塌中心线横向距离
一般情况	$>(1.0\sim1.2)H$	$>(2.0\sim3.0)D$[②]
钢筋混凝土烟囱	更大一些	更大一些
砖烟囱	$(0.5\sim0.8)H$	$(2.8\sim3.0)D$[②]

① 自烟囱中心计算。
② D 为烟囱爆破部位的外径。

2. 折叠倒塌

烟囱折叠倒塌，就是在烟囱底部和上部分别炸出两个或两个以上的爆破切口，使烟囱筒体分为数段逐段向相同或相反的方向折叠倒塌的一种拆除方法，如图 9 - 11 所示。

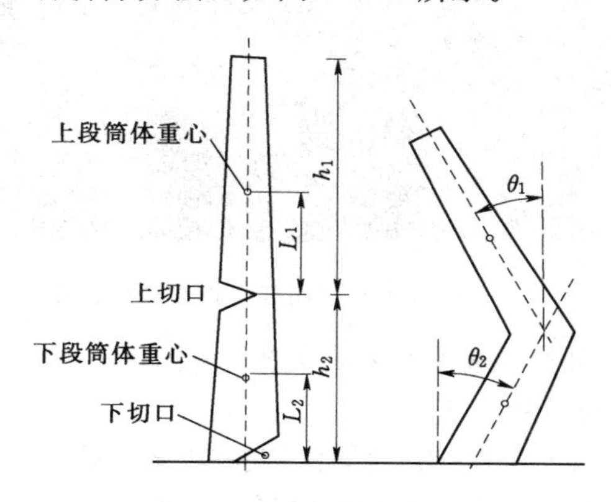

图 9 - 11　烟囱单向折叠倒塌示意图

图 9 - 12 是双向折叠坍塌爆破拆除 100m 高钢筋混凝土烟囱的一组照片。

采用折叠倒塌，首先要确定分几段折叠。这主要根据周围场地的开阔情况而定。若场地稍大，段数就分少一些；场地小，段数就多分一些。场地若有 1/2 高度的开阔地时，一般分两节为宜。如选的段数太多，需要搭架多层高空钻孔平台，使拆除费用大大提高。爆破切口高度、长度及装药量计算与定向倒塌计算方法相同。

在确定爆破拆除方案时，首先根据对现场情况的勘察与测量，包括地面、地下和空中的建筑物和设施与爆破工点的距离和相对位置，烟囱的结构尺寸，初步确定几个可供选择的方案；然后进一步搜集烟囱的设计和竣工资料，并与实物进行认真核对，查明其构造、材质、强度、筒壁厚度、施工质量、工程的完好程度或风化、破坏情况；再进行方案对比，根据技术可行、经济合理和安全可靠三原则，最终确定出合理的爆破拆除方案。100m 烟囱双向折叠爆破拆除倒塌过程如图 9 - 12 所示。

图 9-12 100m 烟囱双向折叠爆破拆除

(四) 烟囱拆除爆破的主要参数

1. 爆破切口的形状

爆破切口的形状是影响烟囱沿预定方向顺利倒塌的重要因素，归纳起来有六种形状：长方形、正梯形、倒梯形、两翼斜形、反斜形、反人字形（图 9-13）。其中以长方形和梯形应用较多，优点是设计和施工比较简单，能较好地控制倾倒方向，较少后坐。两翼斜形、反斜形、反人字形的两翼倾角宜取 35°～45°，前两者两翼的水平长度，一般取切口水平全长的 0.36～0.40 倍；反人字形两翼切口水平长度为切口水平全长的 0.5 倍。

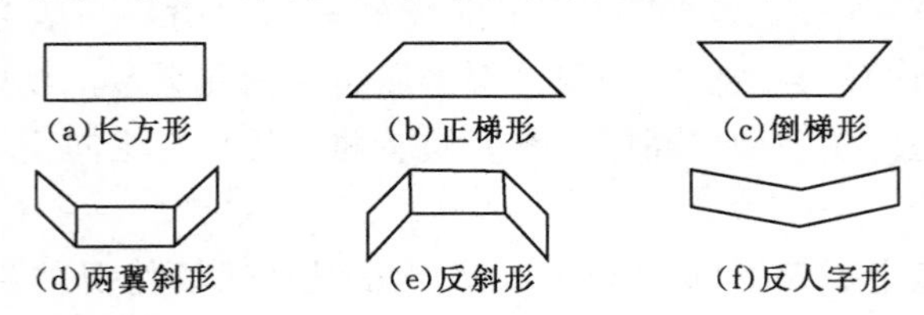

图 9-13 烟囱爆破切口的形状

2. 爆破切口参数

(1) 爆破切口弧长的计算方法。常用的经验公式如下：

$$L=\left(\frac{1}{2}\sim\frac{1}{3}\right)\pi D \quad (9-13)$$

式中：L 为爆破切口弧长，m；D 为切口处筒壁外直径，m。

对于梯形和反梯形爆破切口，上下切口长度不一，应分别计算：

$$L_1 = S\frac{2\theta}{\varphi} \tag{9-14}$$

$$L_2 = S/2 = \pi R \tag{9-15}$$

式中：L_1 为梯形爆破切口大边长度，m；L_2 为梯形爆破切口小边长度，m；S 为爆破切口处的圆周长，m；θ 为预留支撑截面的圆心角之半，(°)；φ 为爆破切口的圆心角之半，(°)；R 为爆破切口处筒壁外半径；m。

（2）切口高度。切口高度可由式（9－16）经验公式确定。

$$h = (1.5 \sim 3.0)\delta \text{ 或 } h = \left(\frac{1}{6} \sim \frac{1}{4}\right)D \tag{9-16}$$

式中：h 为爆破切口的高度，m；δ 为爆破部位的筒壁厚度，m；D 为爆破切口处筒壁外直径，m。

（3）切口对应圆心角 φ。切口圆心角一般为 200°～240°。切口角度过大，爆破后倾覆力矩大，但预留支撑体抗折断能力减小，下坐的可能性增大。反之，预留支撑体抗折断能力增大了，但倾覆力矩减小了。据统计，爆破切口对应的圆心角为 210°时比较合适。

3. 筒壁爆破参数

（1）最小抵抗线 W。

从外部钻孔爆破时：

$$W = (0.65 \sim 0.68)\delta \tag{9-17}$$

从内部钻孔爆破时：

$$W = (0.35 \sim 0.32)\delta \tag{9-18}$$

（2）炮孔深度 l。

从外部钻孔爆破时：

$$l = (0.67 \sim 0.70)\delta \tag{9-19}$$

从内部钻孔爆破时：

$$l = (0.33 \sim 0.36)\delta \tag{9-20}$$

(3) 孔间距 a 和排间距 b。

$$\begin{cases} a=(0.57\sim0.67)\delta \\ b=(0.87\sim1.00)\delta \end{cases} \tag{9-21}$$

(4) 单孔装药量 q。

$$q=kab\delta \tag{9-22}$$

以上式中：k 为单位炸药消耗量，kg/m^3；δ 为爆破切口处筒壁厚度，m；其他符号意义同前。

（五）烟囱拆除爆破施工

1. 测量烟囱倒塌方向中心线

精确测量烟囱倒塌方向中心线包括：精确测量烟囱的高度、垂直度和倒塌方向中心线。通常用经纬仪测量烟囱的高度、垂直度。发现与设计不符时，应及时纠正、修改设计。

确定烟囱倒塌方向中心线的方法有以下两种。

(1) 经纬仪法。用经纬仪确定烟囱倾倒中心线的做法见图 9-14。

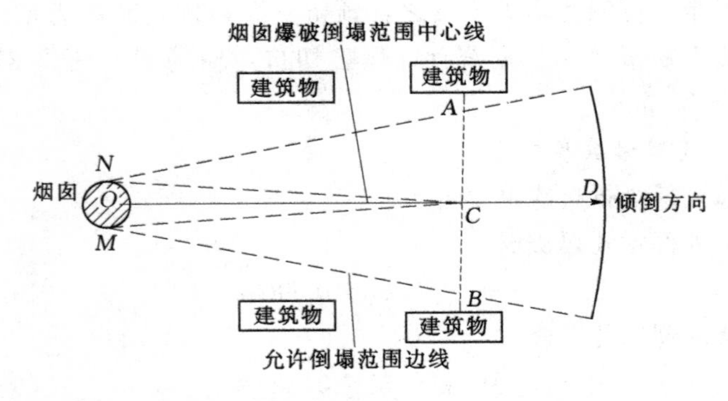

图 9-14 烟囱拆除爆破倒塌中心线示意图

1) 自烟囱底部向东侧拉两条直线 NA 和 MB，与南北两侧的建筑物相切，使 $NA=MB$。

2) 找出直线 AB 的中点 C，将经纬仪架设到 C 点，测量出两个角度 $\angle OCN$ 和 $\angle OCM$，使 $\angle OCN=\angle OCM$，即可找出一

条直线 OC。

3）将直线 OC 引申到烟囱的筒壁上，与筒壁的交点即为烟囱倾倒中心线或称烟囱爆破切口的中心线。

（2）切线法。

1）如图 9－14 所示，自烟囱底部向东侧拉两条直线 NA 和 MB，与南北两侧的建筑物相切，使 $NA=MB$，找出直线 AB 的中点 C。

2）从 C 点引出两条射线 CM 和 CN，与烟囱外壁相切于 M 和 N 两点，量取 MN 弧长，取其中点，即为烟囱倾倒中心线的位置。

2. 定向窗的开凿

（1）定向窗的作用。定向窗（图 9－15）的作用有二：一是将爆破部位与预留支撑体部位隔开，阻挡炸药爆炸时所产生的应力波向预留支撑体部位的传播，保证预留支撑体部位的完整性；二是确保预留支撑体尺寸，防止烟囱偏离倒塌中心线。

(a)砖烟囱定向窗

(b)钢筋混凝土烟囱定向窗

图 9－15 定向窗图片

（2）定向窗的位置。梯形切口的上下边应与烟囱的轴线垂直，两侧的定向窗要与倒塌中心线对称。

（3）定向窗的开挖方法。定向窗的开挖方法有三种：

1）风镐开凿。在筒壁上画出定向窗的位置，用风镐凿之。

2）爆破松动和人工开凿相结合。沿着定向窗的三个边钻凿密集通孔，隔断开挖区与被开挖区；然后在三角区布置若干炮孔，进行松动爆破；再用风镐将碎石剔掉，割断钢筋。

3）钻孔取芯器（水钻）开凿。该方法简单易行，切口的形状和尺寸更易得到保证。

图 9－15 是开凿成功的定向窗照片。

（六）起爆网路

爆破切口可以采用电雷管爆破网路，也可以采用导爆管雷管爆破网路。通常的做法是孔内双雷管，孔外复式起爆网路。无论采用哪种起爆方法，都要注意网路的对称性。例如复式导爆管雷管爆破网路中，若采用并联时，第一接力或第二接力在中心线两侧的导爆管捆绑把数要尽量相同（图 9－16 ）。在起爆时差上，尽量减少分段数目。即使采用瞬间同时起爆，也不会出现爆破振动速度过大的现象，因为爆破烟囱使用的炸药量都不大，比起塌落振动速度小得多。

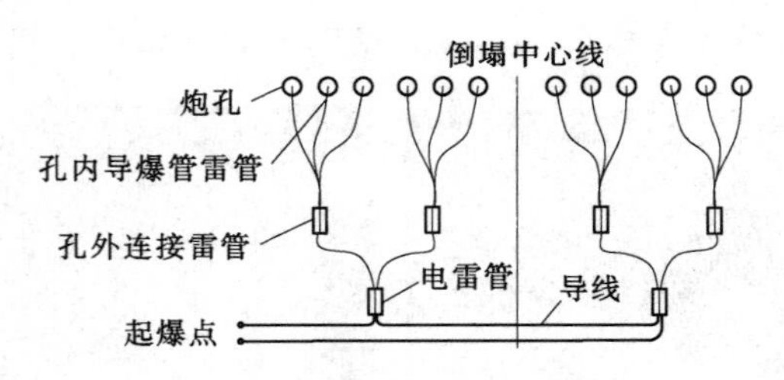

图 9－16 并联对称式起爆网路

二、冷却塔拆除爆破

（一）冷却塔的组成

冷却塔的组成包括：钢筋混凝土双曲线旋转薄壳通风筒、斜支柱、环形基础或倒 T 形基础（含储水池）及塔芯淋水装置。双曲线冷却塔剖面图如图 9－17 所示。冷却塔通风筒由下环梁、筒壁、上环梁三部分组成。下环梁位于通风筒壳体的下端，风筒的自重及所承受的其他荷载都通过下环梁传递给斜支柱，再传到基础。筒壁是冷却塔通风筒的主体部分，它是承受以风荷载为主的高耸薄壳结构，对风十分敏感。上环梁位于壳体顶端，以提高壳体顶部的刚度和稳定性。斜支柱为通风筒的支撑结构，主要承受自重、风荷载和温度应力。斜支柱在空间上是双向倾斜的，按其几何形状有人字形、V形和X形柱，截面通常有圆形、矩形、八边形等。基础主要承受斜支柱传来的全部荷载，按其结构形式分有环形基础（包括倒T形基础）和单独基础。

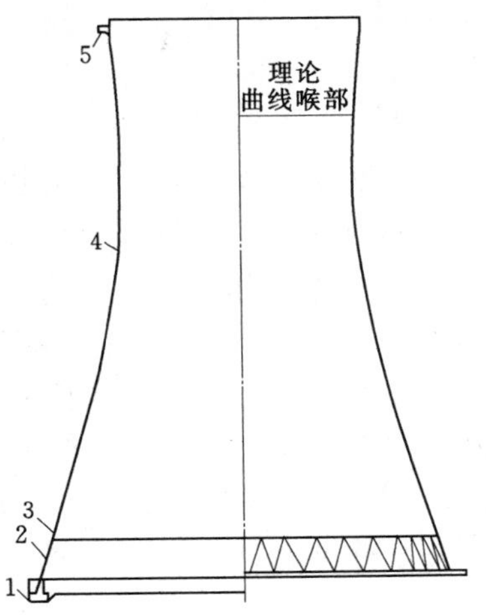

图9-17　双曲线冷却塔

1—基础；2—人支柱；3—下环梁；4—筒壁；5—上环梁

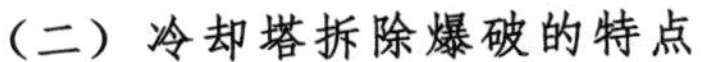

（二）冷却塔拆除爆破的特点

（1）冷却塔外形为双曲线圆筒形构筑物，下径大、上径小，长径比值较小，一般为1.18～1.33。冷却塔重心偏低，爆破时容易出现难以倒塌或倒而不碎的情况。

（2）冷却塔多为薄壁结构，壁厚多为15～60cm，炮孔深度小，填塞困难，易产生飞石。

（3）双曲抛物面是一个旋转曲面，犹如一根曲线绕纵轴旋转而成。在爆破过程中，筒身易沿着曲线产生扭曲现象，影响倒塌的准确性。

（4）近年来冷却塔拆除爆破的高度逐渐增高，难度加大。

（三）冷却塔拆除爆破的技术设计

1. 爆破切口设计

（1）设计原则。

1）爆破切口展开图是一个预开减震窗和减荷槽的复式梯形切口。

2）爆破切口的大小应满足：爆后在重力作用下能产生足够

的倾覆力矩，使塔体能按设计方向倾倒，同时还要满足切口部位钢筋的失稳条件。

3）爆破切口的长短应满足：预留塔壁在开始倾倒时既不被压碎，也不被剪切破坏，避免塔体倾倒时下坐、后坐、前冲。

4）爆破切口的高度是保证定向倒塌的重要参数。切口高度过小，冷却塔在倒塌过程中，切口闭合过早，容易发生偏转；切口过大，增加了钻孔工作量、装药量，也可能增大爆破震动速度。

（2）爆破切口的形状和尺寸。切口形状多种多样，目前多采用梯形切口，包括：正梯形切口和倒梯形切口。

如图 9－18 所示，切口高度 H 由斜支柱高度 h_1、圈梁（下环梁）高度 h_2 和塔壁切口高度 h_3 三部分组成，即：

$$H=h_1+h_2+h_3 \tag{9-23}$$

工程经验表明，当 $H>8\text{m}$ 时，冷却塔均能顺利倒塌。

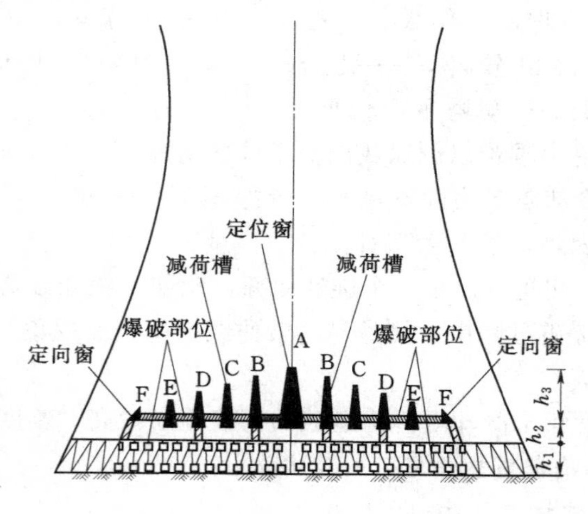

图 9－18 冷却塔爆破切口示意图

切口长度 L 根据切口不同组成部分分别计算。

斜支柱切口长 L_1：

$$L_1=S_1/2 \tag{9-24}$$

下环梁切口长 L_2：

$$L_2=(220°/360°)S_2 \tag{9-25}$$

塔身切口长度 L_3：

$$L_3=(230°/360°)S_3 \tag{9-26}$$

式中：S_1 为人字形底部周长，m；S_2 为支撑环处周长，m；S_3 为塔身切口处周长，m。

2. 塔身爆破参数计算

(1) 最小抵抗线 W：

$$W=0.5\delta \tag{9-27}$$

式中：δ 为冷却塔壁厚。

冷却塔壁厚 δ 是个变量，故 W 也要根据 δ 的变化而变化。

(2) 孔深 l：

$$l=(0.6\sim0.7)\delta \tag{9-28}$$

(3) 孔间距 a：

$$a=(0.8\sim1.2)l \tag{9-29}$$

(4) 排间距 b：

$$b=(0.8\sim1.2)a \tag{9-30}$$

(5) 单位炸药消耗量 k：

$$k=0.8\sim1.2\text{kg/m}^3 \tag{9-31}$$

(6) 单孔装药量 Q：

$$Q = kab\delta \tag{9-32}$$

3. 爆破网路

冷却塔切口爆破常采用电雷管起爆网路或导爆管雷管起爆网路。为减小爆破振动，将装药分为若干齐发小爆区。在爆破切口范围内，以减荷槽为中心，沿中心向两侧将装药顺序地分割为若干小爆区，采用孔内延期起爆，从倒塌中心线开始依次向两侧顺序起爆。装药数目不多时，爆破切口内的装药也可齐发爆破。

(四)"炸而不倒"的预防措施

冷却塔的塔高 H 与塔筒直径 D 之比统计数字见表 9-6。由表 9-6 可见，冷却塔高径比小、重心低，若设计与施工不当，容易出现"炸而不倒"的事故。

表 9-6　国内外冷却塔塔高 H 与塔筒直径 D 之比

国别	中国	美国	德国	比利时	英国
H/D	1.2～1.4	1.27～1.36	1.33～1.41	1.1～1.3	1.2～1.5

1. 原因分析

造成冷却塔"炸而不倒"的原因是多方面的，但主要的有两点：一是切口高度不够；在倾倒过程中，没有满足倾倒力矩大于结构弯矩的条件；二是预留的支撑柱数目过小，冷却塔在倾倒过程中，预留的支撑柱被压垮，冷却塔倾斜下坐。

2. 预防措施

(1) 正确地选择切口尺寸，特别是切口高度。

(2) 在冷却塔预留支撑部位架设枕木，以免过早下坐、坍落。

值得指出的是，随着冷却塔爆破拆除实践和理论研究的深入，国内许多冷却塔爆破拆除工程，采用"只爆破支撑柱和下环梁，筒壁仅预开减荷槽而不钻孔爆破"的方法，均取得了良好的爆破效果。

图 9-19 是某冷却塔爆破拆除倾倒过程照片，图 9-20 是冷却塔爆破后爆碴堆积效果。

图 9-19　冷却塔爆破拆除倾倒过程

图 9－20　冷却塔爆破爆堆效果

三、桥梁拆除爆破

（一）桥梁拆除爆破应遵循的原则

桥梁型式很多，根据其受力情况通常分为：梁桥、拱桥、刚架桥、悬索桥、组合体系桥。考虑到爆破拆除工艺，按用料不同又可分为木桥、圬工桥（石、混凝土桥）、钢筋混凝土桥、预应力混凝土桥、钢桥等。

桥梁拆除爆破应遵循的原则是：根据其结构的受力情况结合环境条件确定爆破拆除总体方案，根据结构及用料特征确定施工工艺。

（二）桥梁拆除爆破施工工艺选择

桥梁结构变化多样，常常还涉及水上、水下作业，因此，选择合理的爆破施工工艺十分重要，选择原则是：

（1）优先选择能在陆面、桥面作业的施工方案。

（2）尽量创造条件，一次性完成水上、水下施爆作业。

（3）对于箱型结构体，可选择水压爆破，有效控制清捞成本。

（4）钢结构与混凝土结构组合桥，优先考虑对混凝土结构的爆破解体，提高工艺可靠性和作业安全性。

（5）由于桥梁跨度大、爆点多，爆破网路设计力求简捷可靠。

（三）拱桥拆除爆破

拱桥的受力特点是：在竖直荷载作用下，拱的两端有竖直反力，还有水平反力。但是拱轴主要承受压力，弯矩、剪力均较小。因此，爆破拆除的要点是：破坏拱轴，解除支撑。

通常桥梁爆破拆除的构件临空面都比较多，防护比较困难，为避免飞石造成损害，平均炸药单耗 q 值比其他爆破偏小一些。

拱桥爆破炸药单耗 k 取值参见表 9－7。

表 9－7　拱桥爆破炸药单耗 k 选取范围

部 位	拱 圈		拱座大墙（柱）		桥墩（水上部分）	
材质	钢筋混凝土	条石	钢筋混凝土	条石	钢筋混凝土	条石
k（kg/m^3）	1.0～1.5	0.8～1.0	0.8～1.2	0.6～0.8	0.8～1.0	0.6～0.7
备 注	钢筋混凝土箱型拱可用水压爆破		深孔爆破单耗可降 20%		深孔爆破单耗可降 20%～25%	

（四）梁桥拆除爆破

通常梁桥在竖向荷载作用下，只产生竖向反力。例如，简支梁桥，只需爆破拆除桥墩，梁体则可根据环境要求采用爆破解体或机械破碎。对于梁与墩刚性连接的连续刚构桥，应对梁和墩同时实施爆破拆除，以便于爆碴清捞作业。因此，梁桥爆破拆除的要点是：以完全破坏桥墩支撑系为主，以梁体解体为辅。

梁桥爆破炸药单耗 k 取值参见表 9－8。

表 9－8　梁桥爆破炸药单耗 k 选取范围

部位	预应力 T 形梁	箱型梁	连续刚构	水上桥墩
材质	加密钢筋混凝土	加密钢筋混凝土	加密钢筋混凝土	钢筋混凝土
k（kg/m^3）	2.0～3.0	2.0～3.0	2.0～3.0	0.8～1.2
备注	浅孔爆破腹板	浅孔或水压爆破	浅孔或水压爆破	深孔爆破单耗降 20%

（五）斜拉桥与悬索桥拆除爆破

斜拉桥与悬索桥的特点是依靠固定于索塔的斜拉索或主缆支

承梁跨，梁似多跨弹性支承梁，梁内弯矩与桥梁的跨度基本无关，而与拉索或吊索的间距有关。此类桥往往建造在大跨度的宽阔河面上。由于索塔通常为高耸构筑物，爆破拆除时希望其能够有明确的定向效果，以利于爆后清捞。因此，拆除的要点是：以定向爆破塔为主，兼顾梁体的粉碎性爆破。斜拉桥爆破炸药单耗取值参见表 9-9。

表 9-9　　斜拉桥与悬索桥爆破炸药单耗 k 取值范围

部位	预应力挂梁	箱型梁	索塔	水上桥墩
材质	加密钢筋混凝土	加密钢筋混凝土	加密钢筋混凝土	钢筋混凝土
k(kg/m^3)	2.0～3.0	1.2～1.5	2.0～3.0	1.0～1.2
备注	浅孔爆破	浅孔或水压爆破	选用深孔爆破，可降 20%单耗	

（六）组合体系桥拆除爆破

组合体系桥是由不同体系组合而成的桥梁。比如：梁、拱组合体系，梁、索组合体系桥。前面列举的斜拉桥即属梁、索组合体系桥，常见的钢管混凝土（系杆拱）桥也属于梁、拱组合体系桥。

组合体系桥结构变化多样，受力关系多变，设计时必须准确掌握桥梁总体的力学关系，建立平衡力系，分析各构件的受力特征，再结合环境条件和工程要求，研究制定拆除方案。通常情况下，研究制定拆除方案应考虑以下几个方面的问题：

（1）破坏主要支撑体系——墩、台。如条件允许时，优选深孔爆破工艺。

（2）破坏主要平衡体系。在拱、梁组合体系中，单独破坏梁或拱的平衡不是桥梁坍塌的充要条件；同样在梁、索组合体系中，单独破坏索或梁也不是桥梁坍塌的充要条件。应充分考虑拱、梁、索、墩（台）同时丧失平衡条件，特别在需保留墩（台）的要求下，还应考虑爆破瞬间力系变化及可能出现意外的附加作用力。

（3）分析爆破施工的可操作性和安全性。对没有金属结构的组合体系，在城镇中尽量不采用聚能切割爆破工艺。必须使用时，应做消声罩，严格控制空气冲击波损伤效应。

（4）预处理时一定要确保结构稳定、力系平衡，必要时增设平衡体系，并加强监测、监控。

（5）进行坍落过程的运动学、动力学分析，实现能量的合理转化。必要时应做数值模拟分析。

（6）注意爆破震动与坍落冲击震动在不同介质中的影响以及结构体入水后产生的涌浪现象。

炸药单耗 k 选取范围可参考表 9－7～表 9－9。

第五节　水　压　爆　破

一、水压爆破的定义

水压爆破是指在容器类结构物中注满水，将药包悬挂于水中适当位置，利用水作为传能介质把炸药爆炸时产生的爆轰压力传递到结构物周壁上，使周壁介质均匀受力而破碎的一种爆破方法。

二、水压爆破的特点

与其他爆破方法相比，水压控制爆破的特点是：①不需要钻孔，节省作业费用和作业时间，加快施工进度；②药包数量少，起爆网路简单；③炸药能量利用率高，炸药消耗量小而且介质破碎均匀；④安全性好，能有效地控制爆破冲击波、噪声和飞石，可显著降低爆破粉尘和有毒气体，对环境污染小；⑤需要消耗大量的水，对爆破结构物的防漏要求高，使用的爆破器材要有较高的抗水性能，爆破后需要及时排水。

三、水压爆破技术设计

（一）水压爆破药量计算

根据国内水压爆破工程实践，冲量准则公式是使用最多的药

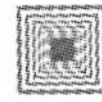

量计算公式，而且爆后结果与设计的符合程度比较高。

冲量准则公式是利用薄壁圆筒的弹性理论，把水压爆破产生的水击波看成是冲量作用的结果，同时应用结构物在等效静载作用下产生位移与在冲量作用下产生的位移相同的原理，得出的药量计算公式，通常适用于薄壁容器结构。冲量准则的基本公式是：

$$Q=k\delta^{1.6}R^{1.4} \tag{9-33}$$

式中：Q 为药包重量，kg；R 为圆筒形容器通过药包中心的截面内半径，m；δ 为圆筒形容器壁厚，m；k 为药量系数，根据爆破对象、材料和破碎程度等要求的不同，k 取值范围在 2.5～10.0 之间，对钢筋混凝土结构物，取 $k>4$。

这个药量计算公式对于薄壁容器结构（$\delta/R\leqslant 0.1$）比较符合工程实际。

除冲量准则公式外，还有考虑注水体积和材料强度的药量计算公式、考虑结构物截面面积的药量计算公式和考虑结构物形状尺寸的药量计算公式等。

（二）水压爆破药包布置

药包布置主要指药包的在容器内的位置和药包的数量，而药包位置与药包数量又密切相关。

对于直径与高度相等的圆柱形容器的爆破体，通常布置一个药包，其位置处于容器中心线下方一定高度。如果直径大于高度，也可对称布置多个集中药包。对于这种单层群药包，装药高度为容器中心线下方一定高度。

对于长宽比或高宽比大于 3 时，可沿长轴中心线布置双层或多层群药包。其中，最上层药包到水面的距离大于药包中心到壁面的距离；最下层药包到底板的距离小于药包中心到壁面的距离，但层间距不要过大。

对于壁厚不等或材料性质不同的爆破体，应采用偏心药包或不等量群药包。采用偏心药包时，由于两侧壁厚不同，要掌握药包偏离容器中心的距离，使容器的四壁受到均匀的破坏作用。

容器要充满水，水深大于药包中心到容器壁的最短距离。

四、水压爆破施工

（一）水压爆破的施工准备

1. 施工调查

在确定水压爆破之前，首先应掌握构筑物的结构、材质、尺寸及布筋情况，周围环境及安全要求；根据水源情况、泄水条件，爆破体的储、漏水状况确定工程是否具备水压爆破的施工条件；进行水压爆破与其他拆除方案的安全与技术经济指标的比较。

2. 防水堵漏

对于容器中的开口，应提前进行封堵处理，封堵材料要具有足够强度，并做到不渗水。

封堵处理方法包括：①采用钢板和钢筋锚固在构筑物壁面上，并用橡皮圈作垫层以防漏水；②砌筑砖石并以水泥砂浆抹面封堵；③浇灌混凝土或用木板夹填黏土夯实。不管采用什么方法，封堵处仍是整个结构中的薄弱环节，还应采取诸如在封堵部位外侧堆放砂袋等防护措施。

漏水的封堵：构筑物的边壁上或底部往往有一些裂缝，随着注水深度的增加、水压的加大而出现漏水。对这些缝隙可以用水玻璃加水泥、环氧树脂水泥等快干防水材料进行快速封堵。

塑料袋防漏：将单层或双层高强度聚氯乙烯塑料袋放置在容器内，水注入袋内，在水压下塑料袋会紧贴容器壁，这对存在孔隙的容器也是一种有效的防漏方法。在放置塑料袋前，应尽可能将容器壁清理干净，否则在注水后，容器壁上的毛刺可能扎坏塑料袋。为保证防漏效果，一般应放置双层塑料袋。

3. 开挖临空面

水压爆破的结构物应具有良好的临空面。对地下结构物，一定要注意开挖好爆破体的临空面，否则会影响爆破效果。

（二）水压爆破实施

1. 药包加工和防水

水压爆破宜选用密度大、耐水性能好的炸药。目前一般采用的抗水炸药有乳化炸药（密度 $\rho=1.05\sim1.39\text{g/cm}^3$）、水胶炸药（密度 $\rho=1.1\sim1.25\text{g/cm}^3$）、梯恩梯熔铸块（密度 $\rho=1.15\sim1.39\text{g/cm}^3$），若采用岩石膨化硝铵炸药及铵油炸药等非防水炸药，则要严格做好药包的防水处理：药量小的药包可采用盐水瓶或大口瓶；药量大的药包也可采用塑料桶；采用多层高强度的塑料袋包装时，应在每层塑料袋上涂抹黄油防水，各层塑料袋相互倒置并捆绑牢固；由于起爆雷管的脚线要反复曲折，故塑料袋仅适合电雷管。加工后药包的密度 $\rho>1\text{g/cm}^3$，应在药包上加上配重，使药包密度大于水的密度，以保证药包放置到位。

加工水压爆破药包时，必须注意：用电爆网路时，切忌在水中出现电雷管脚线与导线或导线与导线之间的接头。可将电雷管脚线与能直接拉出水面的引出线接头在做好绝缘处理后放置在炸药内。电爆网路的引出线和导爆管网路的导爆管从药包往外引出部位是防水薄弱环节，药包入水后，在水压的作用下，水往往顺着该部位的引出线进入药包。应该将瓶口或桶口的橡皮塞或螺旋盖上紧，用防水胶布裹严，或在瓶颈和瓶口处用几层石蜡和防水油封好，引出线处的缝隙可用 502 胶封严。采用瓶或桶做药包时，未装满炸药的地方应用砂子充填，塑料袋装药后应将多余空气排尽，否则药包会在水中浮起来。

2. 药包安放

药包在容器中的固定方式可采用悬挂式或支架式，必要时可附加配重，以防悬浮或移位。

3. 起爆网路

水压爆破可采用电雷管，也可采用塑料导爆管雷管来引爆水中的炸药。为了提高起爆的安全可靠性，起爆网路一般都应采用复式网路。

4. 爆破体底部基础处理

当底部基础不允许破坏时，药包距离底面的位置，应大于水深的1/3。一般应放置在水深的1/3～1/2之间为宜。同时还要在底部铺设砂子作为防护层，砂层厚度与装药量和基础强度等因素有关，通常不得小于20cm。底部基础部分不要求爆破，但允许局部破坏时，可按一般水压爆破进行布药。当底部基础要求与上部壁一起爆破时，由于底部基础没有临空面，所以破碎效果一般不佳。特别是当底板较厚或分布有钢筋时，效果就更差，因此，通常都是加大炸药用量20%～50%，并将药包位置向下放。在加大用药量时，一定要对爆破震动、飞石等进行安全校核后确定。

5. 注水

对小容量的结构物，可用自来水或消防车注水，大容量的构筑物应采用加压泵注水。考虑一般容器有漏水现象，而且随着水位的加高和时间的推移，漏水现象越来越严重，要使注入水流量大于漏水量，而且尽可能将起爆前的停水时间缩短或爆破时不停供水，保证容器内有尽可能高的水位，以保证爆破破碎效果。

6. 临时排水设施

大容量建（构）筑物的水压爆破，应该考虑爆破后大量水的顺利排泄问题。由于这部分水流具有一定的势能和动量，水流速度和流量都较大，要防止其对爆破体周围的建筑物、构筑物和地面设施造成危害，必要时应修筑挡水堤控制引导水流的方向。对导水口应采取适当措施，如在下水道口用钢筋笼作防护，防止大块爆碴冲击下水道造成堵塞。

7. 安全与防护

水压爆破只要药量控制得当，一般很少有飞石。但在敞口爆破以及顶板有孔口的情况下，由于有残压的水柱喷出，会把开口部位或顶板上面的碎块冲击出来。有时由于水压爆破用药量偏大，顶板和边壁破碎后被高速水流冲击而飞出，所以在顶板和四周边壁要有覆盖防护措施。

第十章 水下工程爆破

第一节 概　述

水下爆破包括各种工程目的的水下爆破工程。其中有港口加深、河道疏浚、修建水道、水下铺设管线、开挖桥梁桩基以及其他各种需要在水下完成的爆破工程。

进行水下爆破的成功经验是：

(1) 尽量在水面上完成钻孔和装药工作，少用或不用潜水员。

(2) 采用较大的炸药单耗（有时是普通台阶爆破的6倍），以保证良好的爆破效果和块度。

(3) 所选的炸药和起爆系统应具有很好的防水性能和耐水压性能。

(4) 通过正确的施工和适当的延期时间控制爆破振动、水中冲击波和孔—孔殉爆。

(5) 一次达到设计深度，若进行二次钻孔爆破，工程造价将大幅提高。

水下爆破振动危害较大，冲击波更容易传播，在对地震敏感的结构物附近进行水下爆破施工时，要控制爆破振动。总之，水下爆破需确定合理的爆破规模和最适宜的爆破方法。

一、水下工程爆破分类

按爆破作用性质，水下工程爆破可以分为水中爆炸、水底裸露药包爆破和水下钻孔爆破三种。

（一）水中爆炸

将药包悬挂在水面以下，在与水底有一定距离的水中进行爆炸，利用药包爆炸时所产生的强大水击波及爆炸气体膨胀压力破坏目标或压实地基。水下爆夯就是典型的水中爆炸。

（二）水底裸露药包爆破

水底裸露药包爆破就是由水面工作人员或潜水员将药包放到水下目标表面，利用炸药猛度破碎介质的一种水下爆破方法。水底裸露药包爆破又可细分为水下单药包爆破法和群药包爆破法，聚能单药包爆破法和聚能群药包爆破法等方法。水底裸露药包爆破主要用于爆破零星的小体积水底孤石、暗礁，不适用于开挖深度是数米的水下岩石爆破。

（三）水下钻孔爆破

水下钻孔爆破是在水下岩体中钻孔装药的一种水下爆破方法。该法能充分利用炸药的爆炸能破碎岩石，与水底裸露药包爆破相比，爆破效果好，炸药单耗小，产生的水击波小。对开挖量大和开挖深度大的工程，水下钻孔爆破法是水下爆破的主要方法。

二、炸药在水下的爆炸性能

（一）炸药的爆速和猛度

炸药的爆速和猛度随着水深的增加而降低。当水深为 10m 时，爆速降低 11%，猛度平均降低 10%；当水深为 30m 时，爆速降低 26%，猛度平均降低 33%。

当炸药直接与水接触时，抗水炸药爆炸性能有所降低，且浸水时间越长，影响越大。如对于 40%耐冻胶质炸药，浸水前实测爆力是 439mL，实测猛度是 18.5mm；浸水后实测爆力和猛度分别降至 335mL 和 15.2mm；若用一层塑料袋对炸药进行防水包装，浸水后实测爆力和猛度分别为 377mL 和 16.3mm。

这组试验数据说明，即使采用抗水炸药，进行适当的防水包装也是必要的。

（二）炸药的临界直径

因为水对炸药的约束比在空气中大，所以炸药在水中的临界直径比空气中的要小。如对于含有12% 梯恩梯和88%硝酸铵的铵梯炸药，在空气中的临界直径为15mm，而在水深为2～3倍药卷直径的水中的临界直径降为5mm。

（三）炸药的殉爆距离

炸药在水中的殉爆距离比空气中大。主发和被发药包均为50g苦味酸（密度1.25g/cm³），在不同介质中的殉爆距离见表10－1。

表10－1　　　　　介质对苦味酸殉爆距离的影响

两药包间的介质	砂	钢	黏土	空气	木材	水
殉爆距离（cm）	1.2	1.5	2.5	2.8	3.5～4.0	4.0

水下爆破的炸药殉爆距离 L 随炸药量的增加而增加，与主发药包装药量的平方根成正比，即 $L=kQ^{0.5}$。对埋入式药包爆破，同等药量条件下，松动爆破的殉爆距离较抛掷爆破大。当炸药中溶解于水的盐分充分浸渗到钻孔中时，殉爆距离增大。

在节理裂隙发育的岩石中，使用殉爆能力强的炸药会影响抛掷和破碎块度。因此，不宜使用殉爆性能太高的炸药。

三、雷管在水下的爆炸性能

当水深不超过20m时，普通8号金属壳雷管自行引爆的可能性较小，但起爆能力随着雷管入水深度的增加而降低。经试验测试，雷管爆炸性能与入水深度的关系是：水深在6m以内，雷管引爆性能良好；水深6m时，雷管引爆后管壁破裂，脚线尚存；水深10m时，仅炸开雷管头部；当水深大于20m时，普通金属壳雷管可能因承受2kg/cm² 的压力而自行引爆。当水深较浅时应对所选雷管进行浸水引爆试验，若试验不合格，应采取防水措施再进行浸水试验。在深水中进行爆破时，应采用管壁加厚、密封可靠的深水专用雷管。

延期雷管有气体型和无气体型两种，前者燃烧时产生大量气体，使雷管壳内压力增加，导致延期时间不稳定。为了使延期装置在常压下燃烧，在管壳上开气孔，防水性能因之下降。无气体型延期雷管，管壳上没有气孔，防水性能较好，适用于水下爆破。

四、水下爆破常用炸药

水下爆破常用炸药为：水胶炸药、乳化炸药、梯恩梯炸药、液体炸药、深水炸药（水深大于30m）等防水性能好、威力大的炸药。

第二节　水底裸露药包爆破

一、水底裸露药包爆破基本原理

药包在岩层表面爆破时，爆炸药包产生的能量部分消耗于振动、破碎和抛掷岩块，部分能量释放到水中，转变为水中传播的冲击波。

水底裸露药包除小部分与固体介质接触外，很大一部分被水包围。当裸露药包爆炸时，在被爆破岩体内也存在着压缩抛掷圈、松动破坏圈和振动圈。

由于水的密度比空气大，随着水深的增加，净水压力也随之增加，这种水阻力使得水下爆破碎块的抛掷距离比空气中要小得多（约为陆地爆破的1/12～1/25），因而大部分碎块回落在爆破漏斗内和它的周围（其中部分细颗粒散布在水中，被水流带走），使漏斗的可见深度与实际破碎深度之比小于1.0，小于陆地爆破的数值。

水本身又是水底裸露药包的堵塞物。试验表明，药量为Q的药包，当水深H(m)小于$1.3Q^{1/3}$时，由于爆炸气体不容易扩散，爆炸能量利用率比空气大得多，爆破效果好于陆地裸露药包爆破。若在空气中和水底有一块相同体积的岩石，均用裸露药包破碎，则在水底药包的重量只需空气中重量的1/4～1/5。

水深大于（1.3～1.5）$Q^{1/3}$时，水底裸露药包爆破效果便不再增加。当水深增加到一定限度后，虽然药包仍在水底岩面上，炸药单耗却接近固体介质中的内部作用药包。

图10－1为10kg炸药在同一地质条件下不同水深处进行水底裸露药包爆破所得出的实验曲线。当相对水深H/W（爆破水深H与爆破漏斗W的破碎深度之比）为1～6时，爆破漏斗体积V随着水深的增加明显减少；当相对水深为6～12时，爆破漏斗体积变化很少，说明能量利用率达到最大限度。

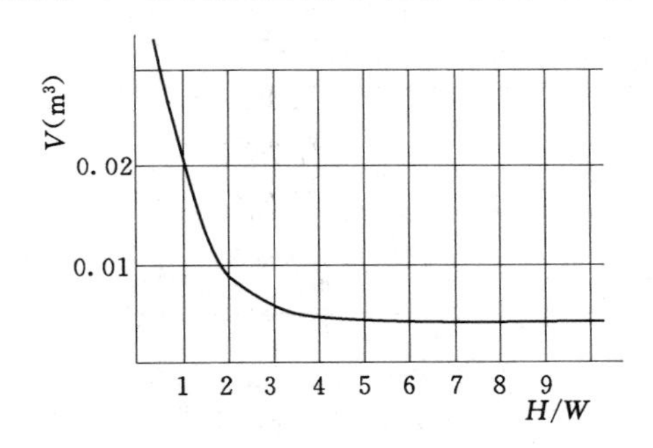

图10－1　漏斗体积与相对水深关系曲线

二、药量计算

（一）炸礁

水底裸露药包炸礁时，将总药量分成若干药包，放到礁石不同部位，一般爆后不清碴。药量按下式计算：

$$Q=KV \tag{10-1}$$

式中：Q为总装药量，kg；V为礁石总体积，m^3；K为系数，取$K=5\sim10kg/m^3$，礁石小、投药方便、流速大的地方取小值，反之取大值。

（二）水下开挖

用水底裸露药包进行水下石方爆破时，药量计算公式为：

对平坦地形

$$\begin{cases} Q=K_1P^3 \\ a=(1.5\sim2.5)P \end{cases} \tag{10-2}$$

对水下的石梁突嘴

$$\begin{cases} Q=K_2P^3+0.2h^3f(n) \\ a>1.5P \end{cases} \tag{10-3}$$

其中　　　　　　$f(n)=0.4+0.6n^3$

式中：Q 为单药包药量，kg；P 为岩石完全松动深度，m；a 为药包间距；K_1、K_2 为系数，kg/m³，见表 10－2；h 为岩石上部水深，m；n 为爆破作用指数，见表 10－3。

表 10－2　　K_1、K_2 取值经验表

岩土性质	黏土	卵石	大块石	普氏系数 f		
				6	7～8	9～10
K_1	15	40	50	50～70	80～110	150～210
K_2		40	50	85	135	250

表 10－3　　水深和 $f(n)$ 对应关系表

水深 h(m)	0.5～3	3～3.5	3.5～4	4～4.5	4.5～5.0
n	1.0	0.95	0.90	0.80	0.75
$f(n)$	1.0	0.91	0.84	0.71	0.65

（三）药包入水深度

为保证破碎效果，水深应满足下述条件：

$$h\geqslant1.3\sqrt[3]{Q} \tag{10-4}$$

式中：h 为水深，m；Q 为单药包重量，kg。

爆破岩体较厚时，可考虑分层爆破或用水下聚能药包爆破。分层爆破时，每个分层厚度一般取 0.5～0.8m。

三、药包间距

当在水下较大面积上布置裸露群药包进行岩石开挖爆破时，应适当摆放水下药包。药包的间距有两种计算方法。

（1）按药包药量计算：

$$a=m_1\sqrt[3]{Q} \tag{10-5}$$

（2）按破岩深度计算：

$$\begin{cases}a=m_2W\\b=m_3W\end{cases} \tag{10-6}$$

上两式中：Q 为药包重量，kg；a 为药包间距，m；b 为药包排距，m；W 为破岩深度，m；m_1 为与岩石硬度有关的系数，见表 10-4；m_2 为系数，单行药包同时爆破为 1.2，群药包多行布置为 1.35～1.6，只松动岩石为 1.6～1.8；m_3 为系数，在静水或流速很小的水中爆破为 1.2～1.4，在急流中爆破取 1.4～2.0。

表 10-4　　不同岩石的 m_1 值

岩石种类	卵石	中硬岩石	坚硬岩石
m_1	0.54	0.51	0.48

四、施工工艺

（一）药包加工

一般情况下，把药包加工成 1∶1.5∶3 的长方体，内部安放两个起爆体，药包包装多为两层，第一层为防水包装，用塑料袋捆扎封口，第二层包装为麻袋、编织袋或草席，以防止塑料袋擦坏。

如果药包密度小于 $1g/cm^3$，则在药包上绑配重；在动水中，流速为 2～5m/s 时，配重重量应是药包重量的 2～5 倍。

（二）药包投放

（1）船投法：在船上用提绳投法、竹竿滑投法、绳杆结合的插投法、翻板投放法和网格投放法等，将药包投放入水。

（2）排架投放法：在岸边架设滑道，在滑道上绑扎竹排架，将药包、导爆索捆在排架上，通过滑道把排架排入水域，用船拖至爆区，配上重物将排架投到水中。

（3）缆绳法：用跨河缆绳等将药包紧固在礁石上。

（三）起爆

（1）电力起爆：一个药包中的两个雷管分别连到两套电爆网路中，两套网路并联后起爆。

（2）非电起爆：将导爆管统一引到岸上或水面上某一点集中，然后用电雷管引爆。

（3）导爆索起爆：将导爆索引到水面，用电雷管引爆。

第三节　水下钻孔爆破

水下钻孔爆破技术在大规模开挖中被广泛采用。水下钻孔爆破的成本与钻孔数量有很大关系，而每个钻孔的长度则位于次要地位。所以水下钻孔爆破应尽可能地采用较少的钻孔数量取得尽可能满意的爆破效果。

一、钻孔设计

（1）最小抵抗线和孔间距：水下钻孔爆破的最小抵抗线和孔间距相对较小，考虑到钻孔偏差，最小抵抗线、孔距、排距比陆地梯段爆破小10%～25%。

（2）钻孔超深：水下爆破各种梯段高度的超深参见表10－5。

表10－5　　水下爆破各种梯段高度的超深

超深(m)　岩石等级 f 台阶高度（m）	4～6	7～10	11～14	＞15
1	0.30	0.4	0.5	0.65
2	0.40	0.5	0.6	0.80
3	0.55	0.7	0.85	1.10
4	0.70	0.9	1.1	1.40
5	0.90	1.1	1.3	1.70
6	1.10	1.35	1.6	2.10
7	1.30	1.6	1.9	2.50
8	1.50	1.85	2.2	2.90

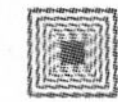

该表是对炮孔直径为 90mm 时得出的超深数据，对于其他孔径的水下爆破，其超深值应乘以 $\phi/90$ 进行修正。

（3）单孔装药量的计算：考虑水深影响的单孔装药量 Q 按式（10－7）计算。

$$Q=KWaH(1.45+0.45e^{-\frac{H_0}{3W}}) \tag{10-7}$$

式中：W 为最小抵抗线，m；a 为孔间距，m；H 为梯段高，m；H_0 为水深，m；K 为岩石的单位炸药消耗量，kg/m^3。

（4）堵塞长度按（0.8～1.0）W 考虑。

（5）根据钻孔实际可能的装药量 Q，由式（10－7）可算出 aW 乘积。

二、钻孔爆破工艺

（一）钻孔作业辅助设施

（1）固定式工作平台。固定式工作平台适合于靠近岸边的小规模水下爆破工程，有悬臂式工作平台和浮船傍岸式工作台。

（2）钻孔船。最简单的钻孔船可用驳船改装。钻孔船适用于10～20m 水深，流速 1.0m/s，浪高 1.0m 以下的水域。因其移动方便，对爆破点分散、工程量大的爆破工程，尤显优越。

（3）自升式水上作业平台。是一艘在船体四角装有大型立柱的平底船，由牵引船拖到工作点后，用自身动力把四个立柱放到水底，船身支在立柱上抬离水面。平台可在水深 50m、流速 4m/s、风速 60m/s 和浪高 6m 的条件下作业。

（4）潜水员水下钻孔。该方法一般用于水深不超过 30m 的水下作业。

（二）水上作业钻机

水上作业钻机，国产的有 CQG－150 高风压船装潜孔钻机等，国外有 Atlas Copco 的 BBE 型钻机等。

CQG－150 高风压船装潜孔钻机，可在险滩和近海浅水石方工程施工中钻凿水下炮孔。该船装潜孔钻机技术参数：钻孔直径 165mm；钻孔深度 17.5m（包括水深）；一次推进长度 9m；钻机回转速度 24r/min、33r/min、49r/min；使用气压 0.7MPa、1.05MPa、2.5MPa；最大耗气量 16～26m³/min；外形尺寸 4.2m×3.0m×1.5m；总质量 10t。

（三）钻孔装药起爆

主要施工工艺如下：

（1）钻机船用主、横移动绞车定位，在水深小于 6m 时，可用定位桩支承船体定位。

（2）用提升卷扬机把套管通过夹座伸至河底。

（3）接好钻杆、冲击器，通过推进马达在套管中放至河底。

（4）打开风阀，将中风压压缩空气直送至冲击器，冲击器在风压的作用下不断冲击岩石成孔。

（5）钻孔完成后将套管提升出钻杆。

（6）从套管内往下放炸药筒至钻孔底部，填塞钻孔。

（7）提升套管引出雷管脚线，连接各钻孔内的爆破线。移动施工船舶至安全距离外。

（8）连接起爆线路进行水下爆破。

水下钻孔爆破常用水胶炸药、乳化炸药。雷管用电雷管、导爆管雷管或遥控雷管。

三、穿过覆盖层的钻孔施工法

在水下基岩表面往往覆盖着松散的、非固结的物质，如砂石、淤泥等。在基岩上钻孔，必须先钻过淤泥覆盖层，覆盖层厚度从几十厘米到数米厚不等。

当岩石上部有松软的泥砂等覆盖物时，先设法将套管穿过上部覆盖层并部分进入岩层，而后穿孔设备在套管内钻爆破孔至设计标高，这种施工方法称为穿过覆盖层钻孔施工法（Overburden Drilling method，简称 OD 法）。

瑞典穿过覆盖层钻孔施工法是用一种特殊的钻孔设备完成钻孔工作。钻孔设备由套管和管内的钻具两部分组成。套管底部为镶着硬质合金的环形钻头，管内有一个钻杆，钻杆上有直径比外套管的内径稍小些的冲击钻头。

钻孔施工时（图 10-2），外钻管和内钻杆一起钻过覆盖层直到基岩，当外钻管钻进基岩约 30～50cm 时，与连接器脱开，停止钻进［图 10-2（a），图 10-2（b）］，而内钻杆上的冲击钻继续钻进到所需深度。钻孔结束后，钻杆从孔内提出［图 10-2（c）］，但外套管暂留在孔内。该套管是装药的通道，用于完成装药和堵塞工作［图 10-2（d）］（这种端部有岩心钻头的钻杆永久性地留在孔内太不经济）。提出外套管，进行连线爆破［图 10-2（e）］。

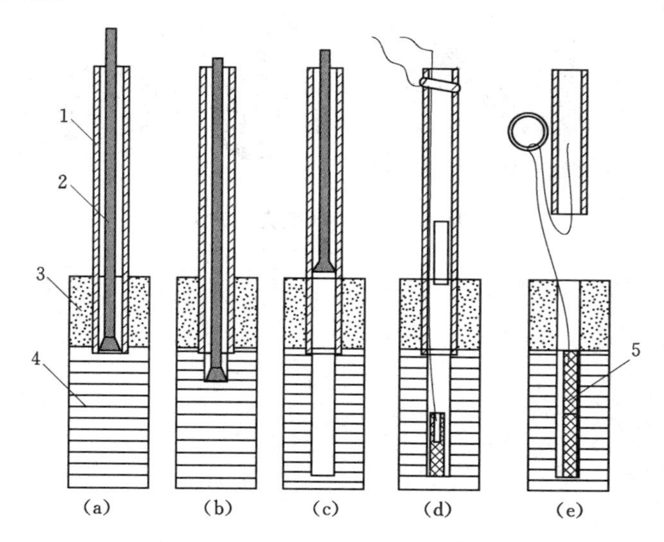

图 10-2 OD 施工法图示

1—套管；2—钻杆；3—覆盖层；4—岩层；6—炸药

还有一种穿过覆盖层钻孔施工法，称为 ODex 钻孔法。完成钻孔施工的设备是 ODex 钻机。该钻机在其钻杆下部安装着一个偏心钻头。这是一种特殊的偏心扩孔钻头，钻孔直径是可变的（图 10-3）。钻头在偏心位置时，可钻凿比套管外径稍大的钻孔，以便套管容易进入岩孔内。当钻到基岩岩面以下 0.3m 左右，套管可以固定在孔内时，偏心钻头缩小直径可继续在岩石上打爆破孔至设计深度，钻孔产生的岩粉进入钻杆和套管之间的环形空间，排至地表。ODex钻具的基本要求是：上部的钻具必须有独立的双向回转系统，有与钻孔直径和钻孔深度相适应的足够扭力。

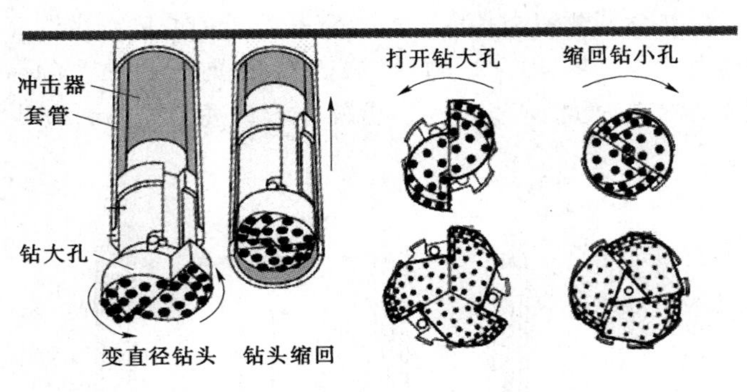

图10－3　ODex变直径钻头

第十一章 爆破安全知识

第一节 爆破有害效应安全控制与监测

一、爆破有害效应

在露天爆破中，产生的爆破有害效应一般包括爆破振动、空气冲击波及噪声、飞石、有毒有害气体等，为确保爆区周围人员及建筑物的安全，需根据防护控制标准，采取相应的安全措施，并进行必要的安全监测。

二、爆破振动效应及安全控制

（一）爆破振动效应

炸药在岩体中爆炸时，将释放出巨大的能量，除用于破碎岩石外，还有一部分能量以波动形式向外传播，形成地震波。地震波引起的强烈振动，迫使爆区周围的建筑物产生振动，严重时建筑物将出现裂缝损伤，甚至倒塌；露天边坡发生滑坡，地下巷道、隧道发生坍塌。这种爆破地震波引起的现象及后果称为爆破地震效应。

（二）爆破振动的计算及传播规律

爆破地震波幅值通常用于表述振动强度。振动幅值指标有质点振动位移、振动速度、振动加速度。目前，许多国家采用质点振动速度作为地震强度的判据。这是因为大量的现场试验和观测表明，爆破地震破坏程度与质点振速大小的相关性最好，与传播地震波的岩土性质也有较稳定关系。

通过大量实测数据整理和量纲分析，对距集中药包爆源一定距离处，爆破引起的地面质点振动速度可采用以下经验公式计算：

$$v=k\left(\frac{\sqrt[3]{Q}}{R}\right)^{a} \tag{11-1}$$

式中：v 为地面质点峰值振动速度，cm/s；Q 为炸药量（齐爆时为总装药量，延迟爆破时为最大一段装药量），kg；R 为观测（计算）点到爆源的距离，m；k、a 为与爆破方式、装药结构、爆破点至计算点间的地形、地质条件等有关的系数和衰减系数。坚硬岩石：$k=50\sim150$，$a=1.3\sim1.5$；中硬岩石：$k=150\sim250$，$a=1.5\sim1.8$；软岩石：$k=250\sim350$，$a=1.8\sim2.0$。

（三）爆破振动安全允许标准

评价爆破对不同类型建（构）筑物、设施设备和其他保护对象的振动影响，应采用不同的安全判据和允许标准。地面建筑物、电站（厂）中心控制室设备、隧道与巷道、岩石高边坡和新浇大体积混凝土的爆破振动判据，采用保护对象所在地基础质点峰值振动速度和主振频率。

我国《爆破安全规程》（GB 6722）规定了质点峰值振动速度和主振频率的安全允许标准，如表 11-1 所示。

表 11-1　　爆破振动安全允许标准

序号	保护对象类别	安全允许质点振动速度 v（cm/s）		
		$f\leqslant10$Hz	10Hz$\leqslant f\leqslant$50Hz	$f>50$Hz
1	土窑洞/土坯房/毛石房屋	0.15～0.45	0.45～0.9	0.9～1.5
2	一般民用建筑物	1.5～2.0	2.0～2.5	2.5～3.0
3	工业和商业建筑物	2.5～3.5	3.5～4.5	4.2～5.0
4	一般古建筑与古迹	0.1～0.2	0.2～0.3	0.3～0.5
5	运行中的水电站及发电厂中心控制室设备	0.5～0.6	0.6～0.7	0.7～0.9

续表

序号	保护对象类别		安全允许质点振动速度 v（cm/s）		
			$f \leqslant 10$Hz	$10\text{Hz} \leqslant f \leqslant 50$Hz	$f > 50$Hz
6	水工隧洞		7～8	8～10	10～15
7	交通隧道		10～12	12～15	15～20
8	矿山巷道		15～18	18～25	20～30
9	永久性岩石高边坡		5～9	8～12	10～15
10	新浇大体积混凝土（C20）	龄期：初凝～3d	1.5～2.0	2.0～2.5	2.5～3.0
		龄期：3～7d	3.0～4.0	4.0～5.0	5.0～7.0
		龄期：7～28d	7.0～8.0	8.0～10.0	10.0～12

注　1. 表中质点振动速度为三分量中的最大值；振动频率为主振频率。

2. 频率范围根据现场实测波形确定或按如下数据选取：硐室爆破 $f<20$Hz；露天深孔爆破 $f=10\sim60$Hz；露天浅孔爆破 $f=40\sim100$Hz；地下深孔爆破 $f=30\sim100$Hz；地下浅孔爆破 $f=60\sim300$Hz。

3. 爆破振动监测应同时测定质点振动相互垂直的3个分量。

（四）降低爆破振动的技术措施

为了降低爆破地震效应，可采用以下综合技术措施。

（1）采用毫秒延时爆破，严格控制最大单段药量。

被保护建筑物的允许临界振动速度［v］确定后，即可根据式（11-2）计算一次爆破最大用药量或单段起爆药量，即：

$$Q_{\max}=R^{3}\left(\frac{[v]}{K}\right)^{\frac{3}{\alpha}} \tag{11-2}$$

当一次起爆药量的实际值大于上述计算值时，则必须将一次爆破药量分成多段毫秒延时起爆，并使单段药量的实际值小于上述计算值。采用毫秒延时爆破，一次爆破规模可扩大很多倍而不会产生超标振动。实践证明，段间隔时间大于100ms时，降振效果比较明显；间隔时间小于100ms时，各段爆破产生的地震波不能显著分开。

（2）采用预裂爆破或开挖减振沟槽。

当保护对象距爆源很近时，可在爆源周边设置一条预裂隔振带，对降低爆破地震效应是非常有效的，但应注意预裂爆破时产生的地震效应。

当介质为土层时，可以开挖预裂沟，预裂沟宽以施工方便为前提，并应尽可能深一些，以超过药包位置 20～50cm 为好。

（3）采用低爆速、低密度的炸药或选择合理的装药结构。

（4）选择合理的最小抵抗线方向。台阶爆破中，在最小抵抗线方向上的爆破振动强度最小，反向最大，侧向居中。

（5）增加装药的分散性和临空面。增加装药的分散性和临空面可以减小爆破振动的强度。

（五）爆破振动监测

在特殊建（构）筑物附近或复杂环境地区进行爆破时，应进行爆破振动监测，以掌握这些设施在爆破振动作用下的受力状况，为安全核算提供较为准确的依据。这不仅有助于及时采取技术措施，确保被保护物的安全，而且也有利于在爆破振动可能引起的诉讼或索赔中，提供科学的数据资料。

目前，爆破振动监测设备类型较多，图 11－1 为加拿大微型爆破振动测试系统——Mini-Mate Plus 爆破微型测试系统，最小可测到 0.127mm/s（人能感觉到的振动为 0.7～0.9mm/s）的振动。该系统可以同时在同一观测点测试 3 个方向的爆破振动速度（含时程曲线）及爆破噪声，并可适应全天候的野外作业条件，待机记录时间 48h 以上。

图 11－1　振动信号记录系统

三、空气冲击波噪声及安全控制

（一）空气冲击波及噪声

炸药爆炸时，爆炸产物强烈地压缩邻近的空气，使其压力、

密度、温度突然升高，形成空气冲击波。

工程爆破产生空气冲击波的原因，大体有以下几种：

（1）裸露在地面上的炸药、导爆索等爆炸产生空气冲击波。

（2）炮孔堵塞长度不够或堵塞质量不好，炸药爆炸高温高压气体从孔口冲出，产生空气冲击波。

（3）因局部抵抗线太小，沿该方向冲出的高温高压气体产生空气冲击波。

（4）多炮孔或多药室爆破时，由于起爆顺序不合理，导致部分炮孔抵抗线变小，甚至裸露造成空气冲击波。

（5）在断层、夹层、破碎带等弱面部位高温高压气体冲出产生空气冲击波。

据统计，一般声压等级达 170dB 时，窗户玻璃开始受损；声压等级达 150～160dB 时，人耳朵听力将受损，或即使声压等级不到 150～160dB 但长时间鸣响，也会导致听力疲劳。爆破噪声为间歇性脉冲噪声，《爆破安全规程》（GB 6722）规定，在城镇爆破中每一个脉冲噪声应控制在 120dB 以下。

（二）空气冲击波及噪声安全控制

空气冲击波及噪声的防护措施主要有：

（1）保证合理的堵塞长度、堵塞质量。

（2）应采用导爆管、电雷管毫秒微差爆破技术。对裸露地面的导爆索用砂、土掩盖。

（3）合理确定爆破参数，特别是要使前排抵抗线均匀，防止爆炸物从钻孔薄弱部位过早泄漏而产生较强冲击波。

（4）应当避免采用裸露药包爆破。

（5）控制爆破方向及合理选择爆破时间。高处放炮，当自由面前方有建筑群时，爆破方向应背离建筑群，或者降低自由面高度，使冲击波尽量少影响建筑群。爆破时间的选择通常应避开人流大、活动频繁的时段，而且爆破次数也不宜太频繁。

（6）注意爆破作业时的气候、天气条件。当大风直吹建筑群情况下，爆破会增大空气冲击波的影响，也应予以注意。

四、爆破飞石产生原因及控制措施

（一）爆破飞石产生原因

（1）岩石构造的影响。由于岩石结构的不均匀性，会导致最小抵抗线的大小、方向发生变化，出现爆破飞石。在断层、裂缝、层理面、软弱夹层等薄弱面，爆轰产生的气体集中冲击也会产生飞石。

（2）孔网参数选取不当。当孔网参数选取过大，势必使得单孔药量大，极易沿炮孔方向产生飞石。对于前排炮孔，其台阶面凹凸不平，局部最小抵抗线过小；对于多临空面炮孔，对炮孔的方向、位置精度要求高，而在钻孔时极易发生偏差，使最小抵抗线发生变化，从而产生飞石。

（3）单位耗药量偏大。由于单位耗药量偏大，当岩石破碎后剩余的爆炸能量就会使破碎的介质获得动能产生抛掷，出现飞石，剩余的能量越多，飞散就越严重。

（4）堵塞长度偏小和堵塞质量不好。堵塞长度偏小和堵塞质量不好，沿炮孔方向产生飞石。

（5）防护措施不当。目前对爆破防护的重要性认识比较一致。但是，在岩石浅孔爆破中由于岩石结构不均匀，给目标的防护带来了一定的困难，措施不当，就难以避免个别石块的飞出。

（二）爆破飞石控制措施

（1）合理确定临空面，控制爆破飞石主方向。

（2）选择合理的爆破参数、装药结构，确保堵塞长度和堵塞质量。

（3）做好掌子面表面松动岩块及特殊地形地质条件的处理，当存在与临空面贯穿的断层带或其他软弱破碎带时，应适当调整装药位置。装药前必须认真校核最小抵抗线，严禁过量装药。

（4）当爆区与建筑物较近时，可采用能吸收能量的材料对爆破体进行覆盖，对于重要建筑物可采用保护性防护。

（5）爆破设计人员必须在现场对施工全过程控制。

（三）爆破飞石安全距离

《爆破安全规程》（GB 6722）中规定的爆破（抛掷爆破除外）飞石对人员的最小安全距离见表11－2。

表11－2　　爆破个别飞散物对人员的安全允许距离

爆破类型和方法		最小安全允许距离（m）
露天岩石爆破	裸露药包爆破法破大块	400
	浅孔爆破法破大块	300
	浅孔台阶爆破	200（复杂地质条件下或未形成台阶工作面时不小于300）
	深孔台阶爆破	按设计，但不小于200
	硐室爆破	按设计，但不小于300
拆除爆破、城镇浅孔爆破及复杂环境深孔爆破		由设计确定

注　沿山坡爆破时，下坡方向的个别飞散物安全允许距离应增大50%。

五、爆破有毒有害气体及控制

炸药通常由碳（C）、氢（H）、氧（O）、氮（N）四种元素组成。其中碳、氢是可燃元素，氧是助燃元素。炸药的爆炸过程实质上是可燃元素与助燃元素发生极其迅速和猛烈的氧化还原反应的过程。根据所含氧的多少，可将炸药的氧平衡分为三种情况：零氧平衡、正氧平衡和负氧平衡。

零氧平衡炸药中的碳和氢都能被完全氧化为 CO_2 和 H_2O；负氧平衡炸药爆炸产物中就会有 CO、H_2，甚至会出现固体碳；而正氧平衡炸药的爆炸产物，则会出现 NO、NO_2、N_2O_3、N_2O_4 及 H_2S、SO_2 等有毒气体。

从理论上讲，适当调整炸药的组分配比，使其保持零氧平衡，在爆炸时是可以不生成有毒气体的。但是，在实际爆破工作中，由于炸药种类、储存条件、引爆方式和爆破条件等的不同，炸药爆炸时总是要产生有毒气体的。这些有毒气体主要是CO和

N_xO_y，当炸药含硫时，还可能生成少量的 H_2S 和 SO_2。当其浓度超过一定限度时，将会导致人们中毒甚至死亡。

在露天爆破的情况下，炮烟能在大气中迅速扩散稀释，如果有风，则扩散稀释得更快。但在地下工程爆破中，由于通风条件差，有毒有害气体的危害需引起高度的重视。

第二节　盲炮及其处理

盲炮又称瞎炮，是指炮孔中的起爆药包经点火或通电后，雷管与炸药全部未爆，或只是雷管引爆而炸药未爆的现象。当雷管与部分炸药爆炸，但炮孔底部留有部分未爆的药包，则称为半爆或残炮。

一、盲炮处理的一般规定

一旦出现盲炮，必须严格遵照相关规定进行处理。处理盲炮前由爆破领导人定出警戒范围，并在该区域边界设置警戒。处理盲炮时无关人员不许进入警戒区，要指派有经验的爆破员处理盲炮，硐室爆破的盲炮处理应由爆破工程技术人员提出方案并经单位主要负责人批准。

电力起爆网路发生盲炮时，应立即切断电源，及时将盲炮电路短路。导爆索和导爆管起爆网路出现盲炮时，应首先检查导爆索和导爆管是否有破损或断裂。发现有破损或断裂的应修复后重新起爆，严禁强行拉出或掏出炮孔中的起爆药包。

盲炮处理后，应再次仔细检查爆堆，将残余的爆破器材收集起来统一销毁；在不能确认爆堆无残留的爆破器材之前，应采取预防措施。

二、裸露爆破的盲炮处理

处理裸露爆破的盲炮，可去掉部分封泥，安置新的起爆药包，再加上封泥起爆；发现炸药受潮变质，则应将变质炸药取出销毁，重新敷药起爆。

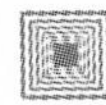

处理水下裸露爆破和破冰爆破的盲炮，可在盲炮附近另投入裸露药包诱爆，也可将药包回收销毁。

三、浅孔爆破的盲炮处理

经检查确认起爆网路完好时，可重新起爆。

可钻平行孔装药爆破，平行孔距盲炮孔不应小于0.3m。

可用木、竹或其他不产生火花的材料制成的工具，轻轻地将炮孔内填塞物掏出，用药包诱爆。

可在安全地点外用远距离操纵的风水喷管吹出盲炮填塞物及炸药，但应采取措施回收雷管。

处理非抗水类炸药的盲炮，可将填塞物掏出，再向孔内注水，使其失效，但应回收雷管。

盲炮应在当班处理，当班不能处理或未处理完毕，应将盲炮情况（盲炮数目、炮孔方向、装药数量和起爆药包位置、处理方法和处理意见）在现场交接清楚，由下一班继续处理。

四、深孔爆破的盲炮处理

爆破网路未受破坏，且最小抵抗线无变化者，可重新连接起爆；最小抵抗线有变化者，应验算安全距离，并加大警戒范围后，再连接起爆。

可在距盲炮孔口不少于10倍炮孔直径处另打平行孔装药起爆。爆破参数由爆破工程技术人员确定并经爆破领导人批准。

所用炸药为非抗水炸药且孔壁完好时，可取出部分填塞物向孔内灌水使之失效，然后做进一步处理，但应回收雷管。

五、硐室爆破的盲炮处理

如能找出起爆网路的电线、导爆索或导爆管，经检查正常仍能起爆者，应重新测量最小抵抗线，重划警戒范围，连接起爆。

可沿竖井或平硐清除填塞物并重新敷设网路连接起爆，或取出炸药和起爆体。

六、水下爆破的盲炮处理

因起爆网路绝缘不好或连接错误造成的盲炮，可重新连接起爆。

对填塞长度小于炸药的殉爆距离或全部用水堵塞的水下炮孔盲炮，可另装入起爆药包诱爆。

可在盲炮附近投入裸露药包诱爆。

在清碴施工过程中发现的未爆药包，应小心地将雷管与炸药分离，分别销毁。

七、其他盲炮处理

地震勘探爆破发生盲炮时应从炮孔中取出拒爆药包销毁。不能从炮孔中取出药包者，可装填新起爆药包进行诱爆。

处理金属结构物爆破的盲炮，应掏出或吹出填塞物，重新装起爆药包诱爆。

处理热凝物爆破的盲炮时，应待炮孔温度冷却到40℃以下，才准掏出或吹出填塞物重新装药起爆。

有些特殊盲炮，在处理之前应制定安全可靠的处理办法及操作细则，经爆破技术负责人批准后实施。

表11－3中列出了盲炮产生的原因、处理方法及预防措施，以供参考。

表11－3　　盲炮产生的原因、处理与预防

现　象	产生原因	处理方法	预防措施
孔底剩药	（1）炸药受潮变质，感度低。 （2）有岩粉相隔，影响传爆。 （3）管道效应影响，传爆中断或起爆药包被带炮	（1）用水冲洗。 （2）取出残药卷	（1）采取防水措施。 （2）装药前，吹净炮眼。 （3）密实装药。 （4）改进爆破参数防带炮
炸药未爆	（1）炸药变质或受潮。 （2）雷管起爆力不足或半爆。 （3）雷管与药卷脱离	（1）掏出炮泥，重新装药起爆。 （2）用水冲洗炸药	（1）严格检验炸药质量。 （2）采取防水措施。 （3）雷管与起爆药包应绑紧

续表

现　象	产生原因	处理方法	预防措施
雷管与炸药全部未爆	火雷管起爆： （1）导火索与火雷管质量不合格。 （2）导火索切口不齐或雷管与导火索脱离等。 （3）装药时导火索受潮。 （4）点火遗漏或爆序混乱，折断导火索。 电雷管、导爆索（管）起爆： （1）电雷管质量不合格。 （2）网路不符合准爆要求。 （3）网络连接错误，接头接触不良等	（1）掏出炮泥重装起爆药包。 （2）同1装聚能药包殉爆起爆。 （3）查出错连的炮孔，重新连线起爆。 （4）距盲炮0.3m远，钻平行孔装药起爆。 （5）水洗炮孔。 （6）用风水吹管处理	（1）严格检验起爆器材保证质量。 （2）保证导火索与火雷管质量。装药时，导火索靠向孔壁。禁止用炮棍猛烈冲击。 （3）点火注意避免漏点。 （4）电爆网络必须符合准爆条件，认真连接，并按规定进行检测。 （5）点火及爆序不乱。 （6）保护网络

第十二章 爆破工程事故案例与点评

工程爆破是一个危险性较大的行业，如果爆破作业人员违反《爆破安全规程》（GB 6722）或操作不当，或者爆破作业人员不懂爆破技术，没有采取适当的安全预防措施，往往容易引发爆破工程事故。本章分类列举部分爆破工程事故案例，并对部分案例做了简要的评注，希望爆破作业人员能从中汲取经验和教训，并引以为戒。

第一节　爆破器材引起的事故案例

一、爆破器材质量问题引起意外爆炸

【案例 1】　1996 年，某局承担四川广元机场 600t 大爆破，因炸药质量问题，有一个硐室约 10t 炸药未爆炸。1999 年 4 月 30 日，承接施工的某公司在该机场进行常规台阶爆破中，诱发了 3 年前遗留的 10t 炸药爆炸，飞石砸向 1km 外数十户人家，造成 1 死 26 伤。

【案例 2】　1980 年 8 月，某地质队炮工在利川县施工时，用该队自制的测试电表测试雷管，造成 18 发雷管爆炸，炮工重伤。

【评析】　实施爆破作业前，应按《爆破安全规程》（GB 6722）要求对爆破器材进行现场测试、检验，杜绝采用过期、变质、劣质及未经批准使用的爆破器材。发现爆破器材变质，应及时销毁，不能使用。在对爆破器材进行质量检查时，必须使用专

门的检验仪表。

二、违章储运爆破器材引起爆炸

【案例 1】 1982 年 11 月，某矿七采区两名工人到矿山炸药库领取了 81kg 炸药和 280 发雷管，全部混装在一条麻袋和一条尼龙袋子里，运到采区后，他们违规操作，把麻袋扔在地下，一声轰响，炸药雷管爆炸，运药工人当场死亡。

【案例 2】 ICI 澳大利亚分公司的一个石灰石矿开采场，使用履带前装式铲运机把胶质炸药运往爆炸地点，在铲运机的铲斗中装了 10 箱炸药。当铲运机沿着缓坡向下行驶时，一箱炸药滚出，司机视线受阻，无法看见，铲运机的右侧履带正好压在炸药上，引起爆炸，并使另外 9 箱炸药也殉爆，司机当场死亡。

【评析】 爆破器材的搬运过程中要轻拿轻放，必须遵照《爆破安全规程》（GB 6722）的相关要求进行。

【案例 3】 辽宁某矿井炸药库存放 2 号岩石炸药 1700kg，雷管 500 余发，库内用 12 盏 100W 灯泡照明，兼作防潮烘烤用，1970 年 6 月 3 日炸药库发生爆炸，当场死亡 47 人。

【评析】 造成这次爆炸事故的原因：一是违反爆破器材库防爆要求，雷管与炸药混放，且违章在库房内设置照明设施；二是库房通风不畅，没有防潮措施，违规用大功率灯泡烘烤造成雷管局部受热达到爆发点，继而引发爆炸。按照《爆破安全规程》（GB 6722）的规定，火工品仓库必须满足防爆、防雷、防潮、防火、防鼠要求，并有良好的通风设备和温度、湿度监控措施。事故警示我们：火工品仓库的安全管理是重中之重，一定要加强防范，严格落实各种安全规定。爆破器材保管员应责任心强、安全意识好、熟悉爆破器材性能与安全管理规定。

【案例 4】 2002 年 7 月，浙江某采石场爆破员周某，在爆破结束后剩余 2 发火雷管没有按照规定上交，放在胸前的上衣口袋里，想着下回补炮时再用，省得跑腿去申领。中途周某带着钎头去修磨，当他弯腰用砂轮磨钻头时，磨出的火花溅到胸前，导致火雷管爆炸，周某左胸炸伤，血流不止，送医院经抢救无效于次日死亡。

【评析】 事故原因是周某违反火工品使用管理规定，对剩余的火雷管没有及时上交造成的。每天剩余的雷管和炸药，应退回火工品库，严禁私自收藏。事故警示我们：要加强安全操作意识，树立安全施工的理念，决不能抱侥幸心理，图省事而忽视安全。

【案例5】 2007年10月20日，浙江温州某工地，11名工人奉命执行雷管库搬迁任务。当大家来到仓库，看到电雷管上红蓝相间的导线时，爱不释手，就摆弄起来。其中一名工人出于好奇，便随意拿起一枚散落在地的电雷管进行拆解，就在他拔掉电雷管导线时，电雷管突然发生爆炸，顿时引爆了整个仓库的雷管。当闻讯而来抢救的人员到达现场时，雷管仓库已经变成了一片废墟，到处是面目全非的尸体，就这样，11个鲜活的生命从此消失了。

【评析】 这起特大恶性爆炸事故，主要是工人随意拆解电雷管造成的。暴露出事故单位安全管理和教育工作存在严重漏洞。雷管仓库搬迁是一项十分危险的任务，应该是领导亲自组织、现场把关，但是该单位没有这样做，致使搬迁雷管时现场秩序混乱。雷管是易爆危险品，执行雷管仓库搬迁任务的人员，没有意识到它的危险性，随意拆解电雷管，充分说明了工人安全常识的匮乏。事故警示我们，一定要加强重点要害部位的安全管理，执行易燃易爆、有毒有害等危险物品的搬运任务，领导一定要到现场亲自组织，把好安全关。同时，要加强对工人危险物品常识教育，熟悉基本性能和安全注意事项，自觉遵守有关规定。

三、违章加工和使用爆破器材引起的爆炸事故

【案例1】 新疆某石场未经有关部门批准，私自生产炸药，未等炸药冷却，即装入塑料袋，还放在住人的房间里，由于炸药热量未散发，引起自燃爆炸，死13人，伤7人。

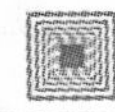

【评析】　国家对爆破器材的生产实行严格管制。未经政府主管部门批准，不得擅自生产炸药。

【案例 2】　1985 年 6 月 15 日，陕西潼关县西窑村 20 多名村民到附近水库中用炸药炸鱼，将水库溢洪道闸门上的水泥板炸开 2m 多长的口子，大水将水库下游 5 个养鱼专业户的鱼全部冲走，并将 3 个便桥冲垮，水坝流水面滑坡 5000m^3。

【案例 3】　1985 年 12 月，广西某县因一人将装有雷管和炸药的提包带进市场，不慎掉到地上引起爆炸，炸死 6 人，伤 22 人。

【案例 4】　1980 年 1 月 10 日，山东某铁矿，工人用炸药烤火，引起炸药爆炸，死亡 8 人。

【评析】　必须加强爆破器材的安全管理，严防流失，更不能挪作他用。

【案例 5】　1995 年 6 月 4 日上午，江苏江浦县某采石场安全员李某在爆破器材临时储存室吸烟，烟灰落到雷管上，引起 323 发雷管瞬间爆炸，李某当场炸死，爆破员丁某被炸伤。

【评析】　爆破器材是易燃易爆物品，在储存、运输及使用的过程中应严格遵守《爆破安全规程》（GB 6722）中相关规定，并加强管理，远离火源，严禁吸烟。

【案例 6】　2004 年 9 月，福建某施工队爆破员朱某进行隧道掘进爆破作业，爆破后经查看需要补炮，而所领的火雷管已经用完。朱某听说可以用导爆管雷管做火雷管，想着再派人去领，来回要 30 多分钟，就让其他爆破员先进洞去装药，自己在洞外把导爆管头部咬开，一手拿导爆管，一手拿导火索用力往里拧。只听见轰的一声，导爆管爆炸，朱某双眼被炸失明。

【评析】　这起事故主要是缺乏安全常识，违反火工品使用规定，违规操作造成的。事故警示我们：爆破作业要树立安全意识，对火工品的加工和使用要严格按照安全操作规程进行，切不可想当然、图省事。

四、违章装药引发的爆炸事故

【案例 1】 ICI 澳大利亚分公司某石灰石矿开采场，凿岩工帮助炮工向炮孔里装炸药时，一个胶质炸药包卡在炮孔中。凿岩工把钻机移到炮孔边，用钻机钻杆来加压，将药包推到孔底，在推送过程中，炸药爆炸，这个凿岩工被炸伤，经抢救无效死亡。

【评析】 这次炸药爆炸是由于钻杆与炸药的摩擦冲击引起的。《爆破安全规程》（GB 6722）规定，装药必须使用木棍、竹竿作为炮棍，禁止用铁棒、钢筋等替代。

五、违章销毁引发的爆炸事故

【案例 1】 2008 年 5 月 27 日，四川成都某工地，工人胡某清理炸药库，发现库房内堆放了很多废弃的炸药包装纸，便把这些包装纸拿到库房外，在没有认真检查的情况下，就点火烧了起来，不想，包装纸混杂着一枚雷管，雷管在火中受热发生爆炸，蹲在火堆旁的胡某被炸受伤，经抢救无效死亡。

【评析】 由于胡某的粗心大意导致了事故的发生。如果胡某在烧炸药包装纸前，仔细检查一下，就完全可以避免事故的发生。事故警示我们：从事爆炸物品的管理人员一定要养成严谨细致的工作作风，工作中不放过每一个环节、每一个细节，切实把安全隐患和事故苗头消除在萌芽状态。

第二节　早爆事故案例

一、雷电引起的早爆

【案例 1】 1974 年 5 月，广东大宝山铁矿在一次电雷管爆破施工中，全部网路已经连接好，两根主线也已接在起爆器的接线柱上，但起爆器尚未充电，附近发生雷击使全部雷管发生早爆。

【案例 2】 1977 年 7 月，海南某露天铁矿深孔爆破，装完药后用铜壳毫秒电雷管组成并串联起爆网路，并将网路接成短路，在等待起爆信号时，爆区附近发生雷击，使 9 个孔全部发生早爆。

【评析】 雷电在电爆网路中可能产生电流引起电雷管爆炸。雷雨天不要进行爆破施工，更不应采用电爆网路；雷雨季节露天爆破不宜进行预装药作业；当雷电来临时，应停止爆破作业，所有人员应立即撤到安全地点。

【案例3】 1968年，在澳大利亚某露天矿，两个工人冒雨进行装药作业，雷电击中爆区，将导爆索起爆系统引爆，当场将两个工人炸死。

【评析】 即使采用非电起爆系统，雷电来临时也应停止爆破作业，所有人员应立即撤到安全地点。

二、杂散电流、感应电流、静电引起的早爆

【案例1】 1982年4月，某公司在武汉雷达学校附近进行拆除爆破时，加工好的起爆药包在室内发生早爆。

【案例2】 1985年6月，某地质队炮工徐某在两部电台（编码器电台与译码器电台）正在通话的情况下，手拿雷管走至离译码器电台天线0.5m处时，雷管发生爆炸，将手炸伤。1986年4月，该队某班长开机与内部编码人员通话时，引起离译码器电台0.6m处一药包（内装电雷管和3kg炸药）爆炸，炸死1人，伤6人。

【评析】 采用电爆网路时，应对高压电、射频电、杂散电等进行调查，应遵守《爆破安全规程》（GB 6722）的有关规定，采取必要的预防措施。

第三节　拒爆事故案例

一、爆破器材过期和变质引起拒爆

【案例1】 2001年4月，海南省三亚市万国旅游管理楼拆除爆破，56kg炸药装入620个炮孔内，按照设计分6段引爆，历时1025ms，大楼定向倒塌。但是起爆后，高楼没倒，楼内620

个炮孔只将炮孔直径扩大了一些。经工程承包商分析，爆破失败的原因是炸药质量问题。

【评析】 实施爆破作业前，应按《爆破安全规程》（GB 6722）要求，进行现场测试、检验，杜绝采用过期、变质及劣质爆破器材。

二、起爆网路失误引起的拒爆

【案例 1】 2001 年 6 月，四川邛崃某拆除爆破工程，爆破四幢旧楼，起爆网路拒爆，起爆 2 次后仍有雷管没响，结果造成两栋楼按设计倒塌，另两栋楼倒塌效果差。原因分析为：雨天施工，雷管受雨水浸泡造成部分拒爆；网路连接仓促，出现漏接和误接；先爆楼房产生的飞石砸坏后起爆网路；爆前未进行网路试验。

【评析】 对起爆网路设计或施工操作失误，必然会造成药包拒爆，爆破失败。起爆网路要严格按照《爆破安全规程》（GB 6722）各项规定设计与操作。对硐室爆破和其他 A 级、B 级爆破工程，应进行起爆网路试验；敷设起爆网路应由有经验的爆破员或爆破技术人员实施并实行双人作业制；在可能对起爆网路造成损害的部位，应采取保护措施。

三、处理盲炮引起的事故

【案例 1】 2004 年 5 月，江西某采石场职工王某进行爆破作业。点火后没有起爆，在等待了几分钟后，王某凭经验认为可以排除盲炮了，便带领 2 名爆破员前去查看。正准备排除盲炮时，盲炮突然起爆，爆炸飞起的碎石击中了距爆点约 20m 处的张某，张某受重伤，王某本人也因飞石击中头部经抢救无效死亡。

【评析】 事故是在排除盲炮时王某不遵守作业规定、组织不力造成的。盲炮是爆破作业过程中常见的事故，出现盲炮后，应加强警戒，无关人员必须在安全区等待，等待 15min 后，由熟悉爆破作业的人员或经验丰富的人员组织排除。事故警示我们：

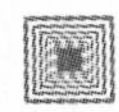

在组织爆破作业中，无论爆破经验多么丰富，都要按规程操作，千万不可麻痹大意。

四、打残孔引起的事故

【案例 1】 1972 年 12 月，某矿务局刘冲矿井平巷掘进时，4 名凿岩工有 2 人将钎杆直接插进前一班爆破留下的残孔中凿岩。由于钎头冲击残孔中的炸药，引起爆炸，造成 1 人死亡，3 人重伤。

【案例 2】 2005 年 6 月某隧道掘进施工，在残药没有排除的情况下，队长为赶进度就指挥凿岩工直接进行钻孔作业。由于残孔中留有半管炸药以及未引爆的导爆管雷管，钻孔时钻爆雷管引爆炸药，致使凿岩工陈某被爆起的飞石击中头部，经抢救无效死亡。

【评析】 这起事故的原因是违反《爆破安全规程》（GB 6722），打残孔引起残药爆炸造成的。为了预防残药爆炸事故发生，爆破后要仔细检查作业面，如有盲炮或残炮，及时处理。事故警示我们：施工中，由于掌子面经常出现残孔，未经检查、排险，不得进行下一循环钻孔作业，严禁打残孔，同时还要避免钻头无意滑入残孔。越是任务重，越要注意安全。要按照安全规程操作，确保施工安全。

第四节　爆破有害效应事故案例

一、爆破个别飞散物引发的事故

【案例 1】 2006 年 4 月，某隧道施工现场负责人刘某组织人员进行爆破作业，工作面距离洞口约 70m，爆破前选定洞口左侧 30m 处为隐蔽场所。装药完毕后，刘某发出了警戒信号。工地上的人员跑向指定的洞外隐蔽处，刘某发出了点火信号。这时在洞外右侧负责警戒的孙某一时疏忽，工友李某从洞口前穿过时未及时阻止，一声巨响过后，一块直径约 9cm 的石头径直向李某飞去，导致李某左腿膝盖处粉碎性骨折。

【评析】 这起事故主要是孙某没有履行好警戒职责造成的，也反应出现场负责人刘某组织不严密。爆破前应划定安全区域、警戒范围和警戒信号，警戒人员应认真观察爆破区域内外的情况，发现险情及时报告处理。事故警示我们：组织爆破时，不仅要确定警戒范围，而且要设置明显的标志。爆破前必须发出音响和视觉信号，要查看人员是否安全隐蔽，确定无误后方可点火。

【案例 2】 2007 年 5 月，湖南怀化某爆破工地，爆破队长戴某组织人员进行爆破作业，爆破前选定离炸点较远的洞库作为隐蔽场所。装药完毕后，戴某发出人员隐蔽信号。工地上的人员迅速跑向指定的洞库隐蔽。工人陈某想亲眼目睹一下爆炸的壮观场面，便悄悄故意落在后面，私自隐蔽在距爆破点 150m 处的一小土堆后面。戴某看人员已隐蔽好，便发出了点火信号。一声巨响过后，泥土石块冲上天空，一块直径约 6cm 的石头径直向隐蔽在小土堆后的陈某飞去，正在观看爆炸场景的陈某来不及躲避，头部被飞石击中受伤，经抢救无效于次日凌晨死亡。

【评析】 这起事故主要是陈某违反安全规定，不到指定的安全隐蔽地点造成的。事故警示我们，爆破作业前，应规定安全区域、警戒地点、信号，并提前派出警戒，警戒员应保持高度警惕，认真观察爆破区域内外的情况，发现险情，及时报告和处理；组织爆破时，警戒员一定要把好每一个关口，特别是在发出点火信号前，要认真清点人数，查看人员是否安全隐蔽，确定无误后，方可点火。

二、爆破时边坡塌方引发的事故

【案例 1】 1980 年，福建某县江田乡一采石场，因爆破振动，造成相距 50m 处的另一采石场塌方，死亡 5 人。

【评析】 小型采石场一定要重视边坡稳定性，注意本采石场和临近采石场边坡滚石或塌方造成的安全事故，爆破后应认真检查现场，对不安全因素应及时处理。

三、爆破地震动引发的事故

【案例 1】 1992 年，某单位在广州市郊承担某石方爆破任务，采用浅孔爆破，先后爆破石方约 1 万 m^3，距工点约 50～150m 范围内有一群 2～3 层砖混结构居民楼，基础较差。爆破设计允许爆破地面振速 2cm/s，单响药量不超过 10kg。施工中居民反映建筑物被震损坏，出现大量裂缝，并向初级人民法院提出诉讼，法院委托公安机关组织专家对施工方案进行审查鉴定，认为按设计方案施工不会危及居民楼的安全。居民举证，房屋在施工期间因受外力振动而损坏。法院认定：在施工期间无证据证明有其他原因致使房屋受损，施工队无证据证实未违章作业，施工队应负赔偿责任。施工队不服，上诉中级人民法院，中院经审理，认为未有新的证据出现，驳回上诉，维持原判。

【评析】 因爆破振动问题引发纠纷，影响施工乃至提起诉讼的案件不少。从此案中得出的启示是：对于重要的或敏感地区的爆破工程，应在进场前、施工过程中做好环境调查和记录；应实施爆破安全监理，必要时应请公证机关进行施工过程公证；并建议对爆破工程投购第三者意外险。另外，在此案中，尽管规定了单响最大药量，但如一次爆破规模及微差爆破时间间隔不当，仍有可能对邻近建筑物造成损伤，这是应予注意的。

【案例 2】 1995 年 12 月 27 日下午 5 时 30 分左右，溧阳市某矿山爆破公司在腰鼓山大山宕口进行劈山爆破时，原计划进行三次抛掷爆破。爆破公司为降低成本，决定加大每次装药量，将三次抛掷爆破改为两次抛掷爆破。在二次抛掷爆破时，爆炸引起强大的地震波突然使附近的一处临时设施倒塌，造成 5 人重伤，2 人经抢救无效死亡。

【评析】 这起事故的根本原因是爆破公司盲目追求经济效益，不尊重科学，擅自更改爆破设计方案，未按爆破设计要求作业，对大爆破产生的后果估计不足所造成的。为了避免类似事故的发生，爆破作业时，爆破工程技术人员应亲临现场，最好坚持爆破监理制度，对爆破作业实施全程监理。这起事故的教训是深刻的，它警示我们：爆破施工中，一定要尊重科学，按照设计方案科学组织施工，严格控制齐爆药量，切不可图省事，否则就会造成无法挽回的损失。

第十三章 爆破工程安全管理

爆破工程属于危险行业的施工作业，民用爆炸物品是社会治安管理的重要组成部分，关系到人民生命和财产的公共安全。因此，必须加强对爆破工程的安全管理。

爆破工程安全管理是以"预防为主、安全第一"为核心的系统工程。企业针对爆破工程项目所采取的各项安全管理措施，必须建立在有关法律法规、行业标准、企业规章制度的基础上，只有全体员工增强了安全意识、提高了业务素质、才能防患于未然，杜绝各种安全事故的发生。

本章主要从爆破资质分级管理、爆破安全评估、爆破安全监理、民用爆炸物品安全管理和民用爆炸物品信息管理系统等方面的内容进行阐述。

第一节 爆破资质分级管理

一、爆破资质分级管理的依据

公安部于 2012 年 5 月，依据《民用爆炸物品安全管理条例》（国务院令第 466 号）的规定，颁布了《爆破作业单位资质条件和管理要求》（GA 990—2012）、《爆破作业项目管理要求》（GA 991—2012）两个公共安全行业标准，将爆破作业单位分为非营业性和营业性爆破作业单位。

非营业性爆破作业单位，即仅为本单位合法的生产活动需要，在限定区域内自行实施爆破作业的单位；营业性爆破作业单位，即具有独立法人资格，承接爆破作业项目的设计施工、和（或）安全评估、和（或）安全监理的爆破作业单位。爆破作业单位应取得公安机关核发的《爆破作业单位许可证》并按照其资质等级从事爆破作业。

二、爆破作业单位的资质条件

（一）非营业性爆破作业单位应具备的资质条件

（1）有经安评合格的民用爆炸物品仓库，有爆破作业专用设备。

（2）技术负责人具有理学、工学学科范围中级及以上技术职称，有2年及以上爆破作业项目技术管理工作经历。

（3）爆破工程技术人员不少于1人，爆破员不少于5人，安全员不少于2人，保管员不少于2人。

（二）营业性爆破作业单位的资质分级条件

营业性爆破作业单位的资质等级由高到低分为一级、二级、三级、四级，从业范围分为设计施工、安全评估、安全监理。营业性爆破作业单位要有经安评合格的民用爆炸物品专用仓库，有一定数量的爆破施工机械、测振仪、全站仪、注册资金、净资产、施工设备仪器、专用仓库、工程技术人员、操作人员、工程业绩等要求，详见表13－1。

表13－1　营业性爆破作业单位资质分级条件

项　目		等　级			
		一级	二级	三级	四级
资产	注册资金	＞2000万元	＞1000万元	＞300万元	＞100万元
	净资产	≥2000万元	≥1000万元	≥300万元	≥100万元
	设备净值	≥1000万元	≥500万元	≥150万元	≥50万元
近3年承担的工程且无重大责任事故		A级10项或B级20项	B级10项或C级20项	C级10项或D级20项	—

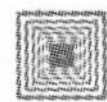

续表

项　目		等　级			
		一级	二级	三级	四级
具有高级职称和爆破项目管理经历的技术负责人		10年经历、主持A级项目5项或B级项目10项	7级经历、主持B级项目5项或C级项目10项	5级经历、主持C级项目5项或D级项目10项	中级职称3年经历
作业人员	工程技术人员	≥30人，其中高级9人，中级6人	≥20人，其中高级6人，中级4人	≥10人，其中高级3人，中级2人	≥5人，中级2人，初级1人
	操作人员	爆破员10人、安全员2人、保管员2人			
专用仓库		自有或租用经安评合格的民用爆炸物品仓库			
机械设备		钻机、空压机、测振仪、全站仪等			

（三）营业性爆破作业单位的从业范围

经省级公安机关审核批准的营业性爆破作业单位，依其资质等级从事相应的从业范围，详见表13-2。

表13-2　营业性爆破作业单位资质与从业范围关系表

资质等级	A级项目	B级项目	C级项目	D级项目
一级	设计施工 安全评估 安全监理	设计施工 安全评估 安全监理	设计施工 安全评估 安全监理	设计施工 安全评估 安全监理
二级		设计施工 安全评估 安全监理	设计施工 安全评估 安全监理	设计施工 安全评估 安全监理
三级			设计施工 安全监理	设计施工 安全监理
四级				设计施工

注　表中A级、B级、C级、D级为《爆破安全规程》（GB 6722）中规定的相应级别。

三、爆破作业人员持证上岗的基本要求

《爆破作业单位资质条件和管理要求》（GA 990—2012）把设置技术负责人、项目技术负责人、爆破员、安全员、保管员等岗位并配备相应人员作为爆破作业单位的基本条件之一。依此要求，爆破作业单位的从业人员大致可以分为两大类：一类是爆破工程技术人员，另一类是爆破员、安全员、保管员（统称“三大员”）。两类人员均应分别参加不同的培训考核，取得公安机关颁发的安全作业证后，才能从事爆破作业。《爆破安全规程》（GB 6722）规定，爆破作业人员的培训发证工作应由公安部门或者公安部门委托的爆破行业协会进行，未经批准，任何单位和个人不得从事爆破作业人员的培训发证工作。担任爆破作业人员培训工作的教师应通过国家爆破行业协会的任教资格审查，应具备相应的理论水平和实践经验。

（一）爆破工程技术人员的培训考核

需要持证的爆破工程技术人员，可向省级公安机关委托的省爆破协会报名。

1. 条件

申报高级作业证的必须具有高级技术职称、8 年以上工作经历、无重大责任事故；申报中级作业证的必须具有中级技术职称、5 年以上工作经历、无重大责任事故；申报初级作业证的必须具有理工类大专以上学历或助理工程师技术职称、有从事爆破工作经历、无重大责任事故。

2. 手续

参加培训考核的人员应填报《安全作业证审批表》、《考核记录表》、《信息管理系统录入表》三个表格，并附上本人身份证复印件、学历学位证复印件、技术职称证复印件、经单位证明的本人业绩材料（包括从事爆破工作经历、设计书、论文、获奖证明及本人参与设计与实施的文本资料）、本人登记照片等。属于升级和扩大作业范围的还应提交原安全作业证（正副本）复印件。

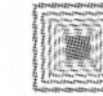

3. 安全作业证管理

(1) 持证的爆破工程技术人员应按作业证的级别(高、中、初)和作业范围(岩土、拆除、特种爆破)在本单位从事爆破作业。不允许将作业证提供外单位使用,并随时接受查验。

(2) 因作业证有效期满或单位变更的,要及时申请换证。过期1年的予以注销。

(3) 作业证实行年审制度,未参加年审的其作业证失效。

(4) 高等院校、科研院所持证的爆破工程技术人员受聘于爆破作业单位的,必须出具受聘单位同意的证明和聘任协议。

(5) 因出现重大责任事故或违法行为,公安机关可以收回或注销作业证。

(二) 爆破员、安全员、保管员的培训考核

需要持证的爆破员、安全员、保管员,可向所在地市级公安机关委托的市爆破协会(或指定的培训机构)报名。

1. 条件

年满18周岁、身体健康、无妨碍从事爆破作业的生理缺陷和疾病;具有初中以上文化程度;无违法犯罪记录、无安全责任事故、现实表现良好。

2. 手续

参加培训考核的人员应填报《作业证审批表》,并附上本人身份证复印件、户籍所在地或居住地公安机关出具的无违法犯罪记录及现实表现、受聘单位的《用工合同(协议)》复印件、社保证明、本人登记照片等。

3. 作业证管理

(1) 持证的爆破员、安全员、保管员只能在本单位从事爆破作业,不允许将作业证提供外单位使用,并随时接受查验。

(2) 因作业证有效期满或单位变更的,要及时重新申请培训换证。

(3) 作业证实行年审制度,未参加年审的其作业证失效。

(4) 因出现重大责任事故或违法行为，公安机关可以收回或注销作业证。

四、爆破作业人员岗位设置与职责

(一) 岗位设置要求

公安部《爆破作业单位资质条件和管理要求》(GA 990—2012) 对技术负责人、项目技术负责人、爆破员、安全员、保管员的岗位设置提出三项要求：即技术负责人、项目技术负责人应由爆破工程技术人员担任，同时可以兼任；爆破员、安全员、保管员不得兼任；上述人员都不应同时受聘于两个及以上的爆破作业单位。国家标准《爆破安全规程》(GB 6722) 对配备的相应人员，如爆破段（班）长、爆破器材押运员、器材库主任的岗位职责也提出相关要求。

(二) 爆破作业人员岗位职责

1. 技术负责人岗位职责

(1) 组织领导爆破作业技术工作。

(2) 组织制定爆破作业安全管理制度和操作规程。

(3) 组织爆破作业人员安全教育、法制教育和岗位技术培训。

(4) 主持制定爆破作业设计施工方案、安全评估报告和安全监理报告。

2. 项目技术负责人岗位职责

(1) 监督爆破作业人员按照爆破作业设计施工方案作业。

(2) 组织处理盲炮或其他安全隐患。

(3) 全面负责爆破作业项目的安全管理工作。

(4) 负责爆破作业项目的总结工作。

3. 爆破员岗位职责

(1) 保管所领取的民用爆炸物品。

(2) 按照爆破作业设计施工方案，进行装药、联网、起爆等爆破作业。

（3）爆破后检查工作面，发现盲炮或其他安全隐患及时报告。

（4）在项目技术负责人的指导下，配合爆破工程技术人员处理盲炮或其他安全隐患。

（5）爆破作业结束后，将剩余的民用爆炸物品清退回库。

爆破员跨越和变更爆破作业类别应经过专门培训。

4. 安全员岗位职责

（1）监督爆破员按照操作规程作业，纠正违章作业。

（2）检查爆破作业现场安全管理情况，及时发现、处理、报告安全隐患。

（3）监督民用爆炸物品领取、发放、清退情况。

（4）制止无爆破作业资格的人员从事爆破作业。

5. 保管员岗位职责

（1）验收、保管、发放、回收民用爆炸物品。

（2）如实记载收存、发放民用爆炸物品的品种、数量、编号及领取人员的姓名。

（3）发现、报告变质或过期的民用爆炸物品。

（三）应配备相应的爆破从业人员岗位职责

《爆破安全规程》（GB 6722）对下列相应的爆破从业人员职责也作出了规定。

1. 爆破段（班）长岗位职责

爆破段（班）长应由爆破工程技术人员或有5年以上爆破工作经验的爆破员担任。其职责是：

（1）领导爆破员进行爆破工作。

（2）监督爆破员切实遵守《爆破安全规程》（GB 6722）和爆破器材的保管、使用、搬运制度。

（3）制止无安全作业证的人员进行爆破作业。

（4）检查爆破器材现场使用情况和剩余爆破器材及时退库情况。

2. 爆破器材押运员岗位职责

爆破器材押运员由爆破员或安全员担任，其职责是：

（1）负责核对所押运的爆破器材的品种和数量。

（2）确认运输工具及其所装运爆破器材符合标准和环境要求，包括：几何尺寸、质量、温度、防振等。

（3）监督运输工具并按规定的时间、路线、速度行驶。

（4）负责看管爆破器材，防止爆破器材途中丢失、被盗或发生其他事故。

3. 爆破器材库主任岗位职责

爆破器材库主任应由爆破工程技术人员或经验丰富的爆破员担任，并持有相应的安全作业证。其职责是：

（1）负责制定仓库管理条例并报上级批准。

（2）检查督促保管员履行工作职责。

（3）及时清库核账并上报过期及质量可疑的爆破器材。

（4）参加爆破器材的销毁工作。

（5）督促检查库区安全状况、消防设施和防雷装置，发现问题及时处理。

五、爆破作业单位许可证管理要求

《民用爆炸物品安全管理条例》第三十二条规定了对符合条件申请从事爆破作业的单位，应由公安机关核发《爆破作业单位许可证》。公安部《爆破作业单位资质条件和管理要求》（GA 990—2012）对许可证管理又具体作出了申请、发放、换发、降级、撤销等规定及其他管理要求。其主要精神是：

（1）申请非营业性爆破作业单位许可证，应向所在地设区的市级公安机关提出申请，并提交符合资质的相关材料；申请营业性爆破作业单位许可证，应向所在地省级公安机关提出申请，并提交符合资质及等级的相关材料。

（2）对符合申请条件的非营业性或营业性爆破作业单位发放许可证，受理的公安机关必须在受理申请20日内作出是否行政

许可。许可的就发放，不许可的应说明理由。

(3) 非营业性爆破作业单位许可证只能在爆破作业许可区域从事爆破作业；营业性爆破作业单位许可证可在全国范围内从事爆破作业。

(4)《爆破作业单位许可证》有效期为3年。有效期满应在60日内向原签发公安机关申请换发；涉及爆破作业单位名称、地址、法人、技术负责人变更的应在30日内向原签发公安机关申请换发。

(5) 营业性爆破作业单位因发生较大爆破责任事故，签发公安机关可对其资质等级予以降级，重新核定从业范围，并在3年内不得申请晋升资质等级。

(6) 县级及以上公安机关对不符合资质等级条件和从业范围、或发生重大责任事故的，签发公安机关经复核属实的应撤销其《爆破作业单位许可证》。

(7) 爆破作业单位不应为非法的生产活动实施爆破作业，不应聘用无爆破作业资格的人员从事爆破作业。

(8) 营业性爆破作业单位不应转包自己承接的爆破作业项目，不应在同一爆破作业项目中同时承接设计施工、安全评估、安全监理，不应为本单位或有利害关系的单位进行安全评估、安全监理。

(9) 营业性爆破作业单位应建立业绩档案管理制度，每个爆破作业项目结束应在15日内将爆破作业活动情况录入民用爆炸物品信息管理系统。

(10) 从事安全评估，安全监理的爆破作业单位应按照有关法律、行政法规和《爆破作业项目管理要求》(GA 991—2012)的规定承担相应的法律责任。

六、爆破作业施工管理应注意的重点事项

营业性爆破作业单位对承接的爆破作业项目，应按照《爆破作业项目管理要求》(GA 991—2012) 向受理申请的公安机关提

交《爆破作业项目许可审批表》，同时附上爆破作业合同、安全评估合同、安全监理合同、安全评估报告及有关资格证明，经审批后才能进入现场从事爆破作业。

在进行爆破作业前，要了解爆破作业环境，做好爆破施工组织、施工公告和施工现场清理等准备工作。进行爆破作业时，几个主要作业工序，如起爆器材加工、装药填塞连网、爆破警戒和信号、爆后检查、盲炮处理、爆破效应监测、爆破总结等，要严格遵守《爆破安全规程》（GB 6722）的相关规定。

第二节　爆破安全评估

一、爆破安全评估的目的、原则及工作方针

（一）爆破安全评估的概念及目的

《民用爆炸物品安全管理条例》、《爆破安全规程》（GB 6722）、《爆破作业项目管理要求》（GA 991—2012）及有关法律法规、行业标准都严格地阐明了凡需报公安机关审批的爆破工程均应进行安全评估，且必须由具有相应资质等级的爆破作业单位来承担。

所谓爆破安全评估，就是审查爆破作业单位和人员的资质资格条件，评审爆破设计与施工组织设计方案，为审批部门把好技术关和安全关，其目的是为了提高爆破工程的安全可靠性。所以，爆破安全评估工作对爆破作业项目的审批具有十分重要的作用。

（二）爆破安全评估原则及工作方针

安全评估单位必须具有相应资质等级，并且要与建设单位签订安全评估合同。A、B 级爆破工程的安全评估应至少有 3 名及以上具有相应作业级别和作业范围的持证爆破工程技术人员参加；环境十分复杂的重大爆破工程应邀请专家咨询，并在专家组咨询意见的基础上，出具爆破安全评估报告。评估人员在爆破安全评估工作中，必须“坚持技术的安全性、措施的可靠性、专家

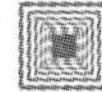

的权威性”的原则，认真贯彻“严格审慎，程序规范、集体评议、科学决策”的工作方针。

二、爆破安全评估的范围及主要内容

（一）安全评估的爆破项目

（1）在城市、风景名胜区和重要工程设施附近实施爆破作业的。

（2）A级、B级、C级和对安全影响较大的D级爆破工程。

（3）需经公安机关审批的爆破作业项目。

（二）安全评估内容

（1）爆破作业单位的资质是否符合规定。

（2）爆破作业项目的等级是否符合规定。

（3）设计所依据的资料是否完整可靠。

（4）设计方法、设计参数是否合理。

（5）起爆网路是否可靠。

（6）设计选择方案是否可行。

（7）存在的有害效应及可能影响的范围是否全面。

（8）保证工程环境安全的措施是否可行。

（9）制定的应急预案是否适当。

三、爆破安全评估基本步骤

第一步受理。爆破设计单位向安全评估单位提供其单位许可证、工商营业执照、爆破作业人员资格证件、工程项目批文、项目合同、爆破设计与施工组织设计等有关资料。

第二步资料初审。审核爆破设计单位递交上述材料的合法性、有效性和完整性。

第三步踏勘现场。评估单位派员到爆破现场实地考察，重点了解爆区环境（包括地面、地下、空中）状况，必要时进行调查、测量、拍照备案。

第四步评估会审议。其主要程序是：

（1）评估单位确定评估时间、地点和评估人员，邀请委托单位、建设单位、公安局等相关部门列席评估会。

（2）评估主持人介绍评估人员和各方代表。

（3）爆破设计单位介绍工程概况、爆破设计与施工组织设计、安全技术措施和应急预案，必要时可采用多媒体介绍。

（4）评估人员逐个发表评估意见或建议，其余参会人员有权发表意见或提请答疑。

（5）评估人员集中复议，统一评估意见，形成评估报告，当场宣读，逐一签名据证。

第五步出具爆破安全评估报告。

爆破安全评估报告内容应该翔实，结论应当明确。

四、爆破安全评估的管理事项

（1）未经安全评估的爆破设计，主管部门不予批准实施。

（2）经安全评估审批通过的爆破设计，施工时不得任意更改。施工中如发现实施情况与评估提交的资料不符，并对安全有较大影响的应补充必要的爆破对象和环境的勘察及测绘工作，及时修改原设计，重大修改部分应重新申请评估。

（3）经安全评估否定的爆破设计，应重新设计、重新评估。

（4）评估单位有权直接对爆破施工过程进行监督，或建议爆破监理单位督促施工项目方严格按最终设计方案施工。

（5）公安审批部门或辖区公安部门对施工项目方不按最终设计方案施工的，可以责令停止施工或督促整改。

（6）因安全评估疏漏和错误而发生事故，安全评估单位应承担连带责任。

第三节　爆破安全监理

一、爆破安全监理的一般概念

爆破安全监理是受业主委托，代表业主通过运用综合工程的管理手段，监督爆破项目各参与方的建设行为，达到施工质量和

安全顺利实施的目的。由此可知，监理是业主和施工项目方的桥梁和纽带，它既要对业主的建设行为承担把关的责任，又要对施工项目方的施工行为承担监督管理的责任。

爆破安全监理通过专业的爆破技术、设计与施工经验，依照国家相关的建设法律法规、行业标准、规范及工程项目合同的要求，在爆破施工阶段，对爆破工程的质量、工期、进度、成本、作业人员资格、施工操作程序、技术手段运用、安全防护措施、爆破器材使用等全过程进行有效的控制和管理，为业主提供专业的技术服务。

爆破安全工作是工程监理的重点。爆破安全直接关系到爆破工程的成败，其结果是不可逆转的。因此，爆破安全监理的作用十分重要。国务院《民用爆炸物品安全管理条例》、国家标准《爆破安全规程》（GB 6722）、公安部《爆破作业单位资质条件和管理要求》（GA 990—2012）、《爆破作业项目管理要求》（GA 991—2012）都对爆破安全监理作出了具体规定。

二、爆破监理人员的分类与资格

一般来说，工程项目监理人员分为总监理工程师、监理工程师和监理员三类，也有在总监理工程师的授权下，设置总监代表一类的职能。据此可以看出，总监理工程师是监理项目的决策者，监理工程师是执行者，监理员则是操作者。

根据有关规定，爆破监理人员应通过建设监理培训和爆破工程技术人员培训取得相应资格和作业范围的合格证书才能持证上岗。其中总监理工程师应持有国家注册的监理工程师证书及相应的爆破资质等级的高级作业证书；监理工程师应持有监理工程师证书及相应爆破资质等级的中级以上的作业证书；监理员应持有监理员证书及相应爆破资质等级的初级以上作业证书。可见，爆破监理人员既要有一定的建设工程经验，又要有爆破专业的实践经验。

爆破安全监理应由取得《爆破作业单位许可证》相应资质等

级与从业范围的单位来承担。

三、爆破安全监理的主要内容

《爆破安全规程》（GB 6722）和《爆破作业项目管理要求》（GA 991—2012）均对爆破安全监理的内容做了概述。其主要内容是：

（1）爆破作业单位是否按照设计方案施工。

（2）爆破有害效应是否控制在设计范围内。

（3）审验爆破作业人员的资格，制止无资格人员从事爆破作业。

（4）监督民用爆炸物品领取、清退制度的落实情况。

（5）监督爆破作业单位遵守国家有关标准和规范的落实情况，发现违章指挥和违章作业，有权停止其爆破作业，并向委托单位和公安机关报告。

以上内容是爆破工程监理中有关安全监理的主要工作。从整个项目监理的任务来讲，监理的主要职能是围绕以安全为中心为重点，依法监督施工合同、批准的爆破设计方案、安全评估意见，把握施工项目的质量、进度、投资三控制，做到信息、合同、安全三管理，作好组织协调工作，对爆破项目的实施开展全方位的安全监理。

四、爆破安全监理的方法和手段

爆破安全监理主要是施工阶段的监理。其监理的方法和手段有。

1. 目标规划

这是监理的主要方法之一。监理单位应结合具体的爆破工程特点，将各项安全管理目标分解到爆破项目的各个工序上，对实现总体目标的方法、措施做好组织上的安排，以此作为目标管理控制的依据。

2. 资料审核

即对施工单位提交的有关文本、报告、报表，如施工组织方

案、工序安排计划报表、质量检测报告、工程变更、设计修改、现场重大问题处理报告等进行审核。这是爆破项目安全监督、检查和控制的重要手段之一。

3. 试验数据

对施工中重要的监理环节需通过试验检查，如确认爆破器材的性能、爆破参数、网路连接是否具有合理、安全、可靠性。没有通过试验的数据不应签证，这是监理的重要手段之一。

4. 指令文件

即通过监理对工程施工过程实施控制和管理所发生的文字记载资料，如质量问题通知书、备忘录、情况纪要等，以提请施工单位注意并作为资料存档。

5. 巡视

监理人员采取定期不定期的检查或抽查，对现场施工部位或工序进行监理的一种方式。

6. 旁站

就是在现场施工过程中，监理人员在现场对关键部位或关键工序跟班督促检查的过程。如试爆、装药、填塞、连网、爆区控制等。这是监理人员的一种主要监理手段。

7. 组织协调

这是监理单位在爆破项目中随时扮演的重要角色，它贯穿于整个爆破工程管理的全过程，是工程顺利实施的基本保障。

第四节　民用爆炸物品安全管理

在爆破工程中防止民用爆炸物品的流失、丢失、被盗，避免爆炸事故的发生，保障国家和人民生命财产的安全十分必要。民用爆炸物品是一种具有两重性的能源，它是工程建设中不可缺少的物品，但若管理不当，发生爆炸事故，轻者造成财物损失，重者导致人员伤亡。民用爆炸物品又是犯罪分子利用的一种作案工具，具有危害大、突发性强、容易实施和不易防范的特点。因此，对民用爆炸物品在储存、销售、购买、运输和使用过程中必须实行强制性的安全管理。

一、民用爆炸物品的购买

爆破作业单位需要购买民用爆炸物品时，必须向所在地县级公安机关提出购买申请，并提交下列材料。

（1）工商营业执照或事业单位法人证书。

（2）《爆破作业单位许可证》或者其他合法使用证明。

（3）购买单位的名称、地址、银行账户。

（4）购买的品种、数量和用途说明。

受理申请的公安机关在5日内对申请材料进行审查，对符合条件的核发《民用爆炸物品购买许可证》。属直供用户的可凭证到经公安机关批准的民用爆炸物品生产企业购买，非直供用户可凭证到当地民用爆炸物品专营单位购买。

购买民用爆炸物品，经办人必须提供本人的身份证明。购买只能通过银行账户进行交易，不准使用现金或实物交易。购买成交后3日内必须将购买的品种、数量向所在地县级公安机关备案。

二、民用爆炸物品的储存与保管

（一）专用仓库储存的规定

储存民用爆炸物品，必须建有国家规定设置的具有安全技术防范措施的专用（租用）仓库，并遵守下列规定。

（1）建立出入库检查、登记制度，收存和发放民用爆炸物品必须进行登记，做到账目清楚，账物相符。

（2）储存的民用爆炸物品数量不得超过储存设计容量，对性质相抵触的民用爆炸物品必须分库储存，严禁在库房内存放其他物品。

（3）专用仓库应当指定专人管理、看护，严禁无关人员进入

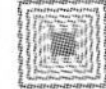

库区内，严禁在库区内吸烟和用火，严禁把其他容易引起燃烧、爆炸的物品带入库内，严禁在库内住宿和进行其他活动；

(4) 民用爆炸物品丢失、被盗、被抢，应当立即报告当地公安机关。

(二) 专用仓库储存的主要标准

(1) 仓库距离居民区不得少于300m。

(2) 炸药库与雷管库及值班室的安全距离不得少于30m并建有防爆墙（堤）将炸药库与雷管库隔开。

(3) 仓库有必要的防静电和防小动物设施。

(4) 库区必须安装一级标准的防雷避雷设施，库外划有警戒线，库内设有警示牌。

(5) 水源储水量不少于70m^3。

(6) 备有足量的消防器材并定期更换，灵敏有效。

(7) 库区外无杂草，有5m宽的防火隔离带。

(8) 仓库装有电视监控系统，并配有犬防，强化夜间值守。

(三) 库房内的安全管理

(1) 严禁超量储存。每间库房储存爆破器材的数量不应超过库房设计的允许储存量。

(2) 严禁混存混放。民用爆炸物品不准与其他易燃易爆物品、军用弹药、失效变质爆炸物、有毒性腐蚀性和放射性物、食物、饲料、生活用品等混合存放。

若因库房条件限制，同库存放不同品种的民用爆炸物品应当符合有关规定（见表13-3）。

(3) 做到堆放整齐、牢稳、便于堆码和搬运。包装箱下应垫有0.1m的垫木，与墙大于0.4m的距离，留有0.6m以上安全通道，堆码高度不宜超过1.6m。

(4) 做到库内通风防潮、防止鼠害。

(5) 严禁烟火及其他引火物。

(6) 进入库房不应穿带钉鞋和易产生静电衣服。

表 13－3　　爆破器材同库存放的规定

器材名称	雷管类	黑火药	硝铵炸药	射孔弹类	导爆索类
雷管类	○	×	×	×	×
黑火药	×	○	×	×	×
硝铵炸药	×	×	○	○	○
射孔弹类	×	×	○	○	○
导爆索类	×	×	○	○	○

注　1. ○表示可同库存放，×表示不应同库存放。
2. 雷管类包括火雷管、电雷管、导爆管雷管。
3. 导爆索类包括导爆索、继爆管和爆裂管。
4. 硝铵类炸药，包括以硝酸铵为主要组分的各种民用炸药。

（四）小型爆破器材储存库

乡、镇所属以及个体经营的矿场、采石场及岩土工程等使用单位，其集中管理的小型爆破器材库的最大储存量应不超过 1 个月的用量，并应不大于表 13－4 的规定。

表 13－4　　小型爆破器材储存库单库单一品种最大允许储存量

序　号	产　品　类　别	最大允许储存量
1	工业炸药及制品	5000kg
2	黑火药	3000kg
3	工业导爆索	50000m（计算药量 600kg）
4	工业雷管	20000 发（计算药量 20kg）
5	塑料导爆管	100000m

注　1. 工业炸药及制品包括铵油类炸药、硝化甘油炸药、乳化炸药、水胶炸药、膨化硝铵炸药、射孔弹、起爆药柱、振源药柱等。
2. 工业雷管包括电雷管、电子雷管、电磁雷管和导爆管雷管以及继爆管等。
3. 工业导爆索包括导爆索和爆裂管等。
4. 其他爆破器材按与本表中产品相近特性归类确定储存量；普通型导爆索药量为 12g/m，常规雷管药量为 1g/发，特殊规格产品的计算药量按照产品说明书给出的数值计算。

（五）可移动性仓库

不超过 6 个月的野外流动性爆破作业，采用移动式炸药库时，24h 均应有人警卫；加工起爆体和检测电雷管电阻，应在离移动式库房 50m 以外的地方进行。

移动式库房的最大储存量为：炸药 10t，雷管 20000 发，导爆索 10000m，导爆管 10000m。

可移动爆破器材库的位置及外部安全距离应根据实际储存药量，按《民用爆破器材工程设计安全规范》（GB 50089）的相关规定执行。

（六）临时性爆破器材库和临时性存放爆破器材

临时性爆破器材库，应设置在不受山洪、滑坡和危石等威胁的地方。允许利用结构坚固但不住人的各种房屋、土窑和车棚等作为临时性爆破器材库。临时性爆破器材库应符合下列规定：

（1）库房应为单层结构。

（2）库房地面应平整无缝。

（3）墙、地板、屋顶和门为木结构者，应涂防火漆；窗、门应为有一层外包铁皮的板窗、门。

（4）宜设简易围墙或铁刺网，其高度不小于 2m。

（5）库内应有足够的消防器材。

（6）库内应设置独立的发放间，面积不小于 $9m^2$。

（7）应设独立的雷管库房。

临时性爆破器材库的最大储存量与可移动爆破器材库的规定相同。

（七）现场临时存放和保管

在爆破作业现场临时存放民爆物品，应当具备临时存放的条件，并设专人管理、看护。一般在现场临时存放民爆物品，应当按当天用量用完。未用完的应当天清退回库，不允许在现场过夜。

（八）储存民用爆炸物品常见的隐患

在对储存的民用爆炸物品进行安全检查时，常见的隐患可分为重大隐患和一般隐患。发现隐患，应采取相应的措施加以解决。

1. 重大隐患

（1）在市区、城镇或其他人烟稠密区大量储存民用爆炸物品。

（2）在重要建筑设施附近储存民用爆炸物品，一旦发生爆炸，会造成停水、停电、停气；使广播、通信、交通中断；堤坝、隧洞、国防工事等发生沉降或开裂等重大危害。

（3）在生产和储存易燃，易爆、有毒、有放射性等危险物品的工矿企业和仓库附近大量储存民用爆炸物品。一旦发生爆炸，会造成殉燃、殉爆、环境污染等危害。

（4）在娱乐、游览、参观、集会等公共场所大量储存民用爆炸物品。

（5）在客运车站、码头、机场，交通枢纽地带大量储存民用爆炸物品。

（6）在其他会造成严重损失或不良政治影响的地区储存民用爆炸物品。

对重大隐患采取的唯一办法是立即将存放的民用爆炸物品转移到安全地点，并对有关责任者进行追究。

2. 一般隐患

（1）混存。库存民用爆炸物品不符合共存范围；爆破器材与其他易燃、易爆、有毒、腐蚀性、放射性物品，或与军用弹药同库存放；爆破器材与其他杂物混存。

（2）超量。库存民用爆炸物品超过核定的安全容量，一旦发生爆炸事故，会影响周围的环境安全，也可能使库与库发生殉爆。

（3）库址不当。库房与库房之间、库房与看管人员生活区之

间的内部距离过小；库房与周围工矿企业、村镇、建筑设施等的外部距离过小，一旦发生爆炸事故，会造成殉爆以及影响周围安全。易受山洪、滑坡、泥石流的冲击，影响库房安全。交通不便，严重影响运输安全。

（4）乱存乱放。民用爆炸物品不存入专用库房内，而乱存办公室、宿舍、车间工棚、家中或乱放在施工现场、塞在洞穴里，容易发生事故或造成丢失被盗。

（5）看守不严。库房无人看守或看守人员不足；看守人员老、弱、病、残，不能胜任工作；看守人员擅离职守或夜间无人上岗守卫；库房门窗不严、无锁。

（6）制度不严。领用民用爆炸物品没有严格手续，没有登记账目或账物不符。

（7）失效与变质。民用爆炸物品安定性降低，不能继续储存，而且影响运输和使用安全；不符合国家标准的民用爆炸物品，容易发生自燃、自爆；民用爆炸物品吸湿硬化，影响使用安全。

（8）库房杂乱。在库内堆放粮食、衣物、工具、纸张、建筑材料等杂物；民用爆炸物品堆垛不牢或堆放过高，容易倒塌；库内有鼠、蛇、蝎、鸟等昆虫动物；库内存在散落的民用爆炸物品或药粉、粉尘。

（9）结构不良。库房地基下沉、屋顶墙壁破裂，有倒塌危险；防护堤或覆土塌陷；雷电防护装置保护范围不够，接地电阻超过规定或接地金属物未接地；库内外照明灯具、电气设备及供电线路不符合要求。

在安全检查过程中对不能立即解决的隐患，公安机关会发出整改通知书，限期解决，并进行复查，仍不达标的，要依法停业整改。

三、民用爆炸物品的运输

民用爆炸物品必须凭公安机关开具的《民用爆炸物品运输许

可证》，按照许可的品种、数量运输。

要用专用车船运输爆破器材。道路运输决不能用翻斗车、自卸汽车、拖车、自行车、摩托车和畜力车运输民用爆炸物品。

装运爆破器材的车（船），在行驶途中应遵守下列规定：

（1）押运人员应熟悉所运爆破器材性能。

（2）非押运人员不应乘坐。

（3）按指定路线行驶。

（4）运输工具应符合有关安全规范的要求，并设警示标志。

（5）不准在人员聚集的地点、交叉路口、桥梁上（下）及火源附近停留；中途停留时，应有专人看管，不准吸烟、用火，开车（船）前应检查码放和捆绑有无异常。

（6）运输特殊安全要求的爆破器材，应按照生产企业提供的安全要求进行。

（7）车（船）完成运输后应打扫干净，清出的药粉、药渣应运至指定地点，定期进行销毁。

用汽车运输爆破器材，应遵守下列规定：

（1）运输车辆安全技术状况应当符合国家有关安全技术标准的要求。

（2）出车前，车库主任（或队长）应认真检查车辆状况，并在出车单上注明“该车经检查合格，准许运输爆破器材”。

（3）由熟悉爆破器材性能，具有安全驾驶经验的司机驾驶。

（4）汽车行驶速度：能见度良好时应符合所行驶道路规定的车速下限。

（5）在平坦道路上行驶时，前后两部汽车距离不应小于50m，上山或下山不小于300m。

（6）遇有雷雨时，车辆应停在远离建筑物的空旷地方。

（7）在雨天或冰雪路面上行驶时，应采取防滑安全措施。

（8）车上应配备消防器材，并按规定配挂明显的危险标志。

（9）在高速公路上运输爆破器材，应按国家有关规定执行。

（10）公路运输爆破器材途中应避免停留住宿，禁止在居民点、行人稠密的闹市区、名胜古迹、风景游览区、重要建筑设施等附近停留。确需停留住宿的必须报告投宿地公安机关。

四、民用爆炸物品安全管理相关法律

（1）《民用爆炸物品安全管理条例》第四十四条规定：非法制造、买卖、运输、储存民用爆炸物品，构成犯罪的，依法追究刑事责任；尚不构成犯罪，有违反治安管理行为的，依法给予治安管理处罚。违反本条例规定，未经许可购买、运输民用爆炸物品或者从事爆破作业的，由公安机关责令停止非法购买、运输、爆破作业活动，处5万元以上20万元以下的罚款，并没收非法购买、运输以及从事爆破作业使用的民用爆炸物品及其违法所得。

（2）《民用爆炸物品安全管理条例》第四十七条规定：违反本条例规定，经由道路运输民用爆炸物品，有下列情形之一的，由公安机关责令改正，处5万元以上20万元以下的罚款：

1）违反运输许可事项的。

2）未携带《民用爆炸物品运输许可证》的。

3）违反有关标准和规范混装民用爆炸物品的。

4）运输车辆未按照规定悬挂或者安装符合国家标准的易燃易爆危险物品警示标志的。

5）未按照规定的路线行驶，途中经停没有专人看守或者在许可以外的地点经停的。

6）装载民用爆炸物品的车厢载人的。

7）出现危险情况未立即采取必要的应急处置措施、报告当地公安机关的。

（3）《民用爆炸物品安全管理条例》第四十八条规定：从事爆破作业的单位有下列情形之一的，由公安机关责令停止违法行为或者限期改正，处10万元以上50万元以下罚款；逾期不改正的，责令停产停业整顿；情节严重的吊销《爆破作业单位许可证》：

1）爆破作业单位未按照其资质等级从事爆破作业的。

2）营业性爆破作业单位跨省、自治区、直辖市行政区域实施爆破作业，未按规定事先向爆破作业所在地的县级人民政府公安机关报告的。

3）爆破作业单位未按照规定建立民用爆炸物品领取登记制度、保存领取登记记录的。

4）违反国家有关标准和规范实施爆破作业的。

爆破作业人员违反国家有关标准和规范的规定实施爆破作业的，由公安机关责令限期改正，情节严重的吊销《爆破作业单位许可证》。

（4）《民用爆炸物品安全管理条例》第四十九条规定：违反本条例规定，有下列情形之一的，由国防科技工业主管部门、公安机关按照职责责令限期改正，可以并处5万元以上20万元以下的罚款；逾期不改正的，责令停产停业整顿；情节严重的，吊销许可证：

1）未按照规定在专用仓库设置技术防范设施的。

2）未按照规定建立出入库检查、登记制度或者收存和发放民用爆炸物品致账物不符的。

3）超量储存、在非专用仓库储存或者违反储存标准和规范储存民用爆炸物品的。

4）有其他违反民用爆炸物品储存管理规定行为的。

（5）《民用爆炸物品安全管理条例》第五十条规定：民用爆炸物品从业单位有下列情形之一的，由公安机关处2万元以上10万元以下罚款；情节严重的吊销其许可证；有违反治安管理行为的依法给予治安处罚：

1）违反安全管理制度，致使民用爆炸物品丢失、被盗、被抢的。

2）民用爆炸物品丢失、被盗、被抢，未按规定向当地公安机关报告或者故意隐瞒不报的。

3）转让、出借、转借、抵押、赠送民用爆炸物品的。

（6）最高人民法院司法解释（法释〔2001〕15号公告）对非法制造、买卖、运输、邮寄、储存炸药、发射药、黑火药1kg以上或烟火药3kg以上、雷管30发以上或导火索、导爆管30m以上的，处3年以上10年以下有期徒刑；对造成严重后果等其他恶劣情节的，处10年以上有期徒刑、无期徒刑或者死刑。

第五节　民用爆炸物品信息管理系统

一、概念

民用爆炸物品信息管理系统，就是采用现代化的信息系统建设方式，通过对涉爆单位的信息采集、设备配置，把公安机关对民用爆炸物品的管理职能与生产单位、销售单位、使用（储存）单位，爆破作业单位用计算机网络联结进行销售、储存、保管、使用的规范化管理模式。这种管理模式，是以《民用爆炸物品安全管理条例》为依据，以涉爆单位、涉爆人员为对象，以民用爆炸物品编码全程跟踪为重点，利用公安专网、手持机和IC卡信息交换技术达到为涉爆单位提供购买、运输民用爆炸物品服务的目的。同时也为公安机关监管民用爆炸物品流失、侦破案件提供预警信息。

二、民用爆炸物品信息管理系统的主要构成及作用

民用爆炸物品信息管理系统主要由各级公安机关的管理与涉爆单位的数据采集两大部分组成，其运行流程见图13-1。

各级公安机关的管理部分由公安部、省（直辖市、自治区）公安厅和各地市、县级公安系统通过公安专网传递构成。其数据库建在省公安厅。各地市、县公安系统主要负责本辖区涉爆单位的信息采集上传和开具两证（购买证、运输证）对民用爆炸物品进行实时监控。

涉爆单位的数据采集部分由生产、销售、使用（储存）单位

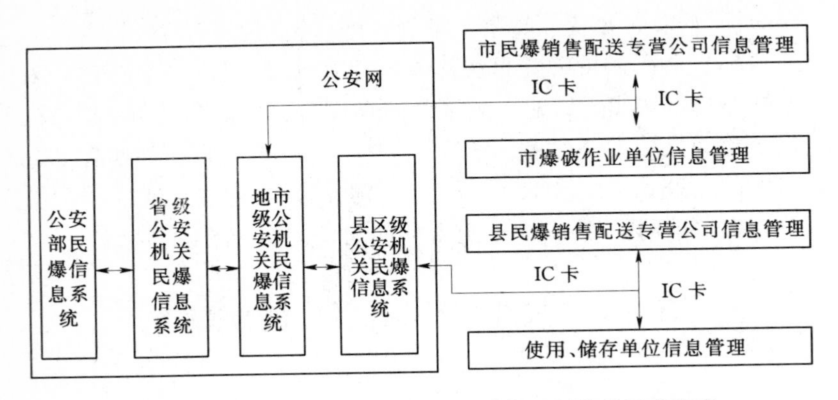

图 13－1　民用爆炸物品信息管理系统运行流程示意图表

的民用爆炸物品数据上报，再由本辖区的公安机关上传。其购买民用爆炸物品主要是涉爆单位通过手持机、单位 IC 卡、爆破员 IC 卡、保管员 IC 卡操作方式完成。

上述两大部分共同组成了对单位管理、人员管理、IC 卡管理、两证管理的安全监管作用。

（1）单位管理。公安机关通过系统，采集涉爆单位详细信息、许可证信息、加解锁信息等进行登记管理。

（2）人员管理。公安机关通过系统，采集涉爆人员基本信息、作业证信息实现对涉爆人员的有效管理。

（3）IC 卡管理。公安机关通过系统，对单位 IC 卡、人员 IC 卡的注册、发放、审验等，方便涉爆单位数据上报，管理民用爆炸物品流向的责任单位、责任人及涉爆行为。

（4）两证管理。公安机关通过系统办理购买证、运输证的开具、回交等手续，实现对民用爆炸物品流向、流量的跟踪、预警、控制。

三、手持机与 IC 卡的使用方法

（一）手持机与 IC 卡的作用与功能

手持机是为使用单位仓库配备的用来对仓库内爆炸物品进行

信息采集和管理的必备工具，具有国家相关部门发放的防爆合格证书，允许在危险场所使用。手持机主要功能包括：①入库；②拆箱；③发放；④退库；⑤出库；⑥库存；⑦上报；⑧其他。

IC卡在民爆信息系统中代表某个单位或个人的身份。IC卡有单位卡和个人卡两种，其中个人卡又分爆破员卡和库管员卡两种。

单位卡是某单位在民爆信息管理系统中唯一身份标识，其作用是存储和传递数据，如民用爆炸器材的入库、出库、拆箱、发放，上报数据信息。

人员卡记录作业人员的信息，是个人在民爆信息管理系统中的唯一标识。爆破员卡用于领取民用爆炸物品；库管员卡用于民用爆炸物品的出入库和发放操作。

（二）使用单位业务流程介绍

民用爆炸物品使用单位的业务流程包括将所购买的民用爆炸物品入库；民用爆炸物品的领用和发放；民用爆炸物品使用数据上报公安机关。

购买民用爆炸物品流程是：

第一步：带相关证件及单位卡到公安机关开两证（购买证、运输证）。

第二步：带纸质和电子两证（单位卡）到销售单位开传票。

第三步：带纸质和电子传票（单位卡）到销售单位仓库出库提货。

第四步：带货物和购买物品电子信息（单位卡）回使用单位进行入库，入库后及时回缴运输证。

（三）手持机与IC卡的使用

这里主要介绍手持机与IC卡在使用中容易出错的入库、拆箱和发放等流程。

1．入库流程

入库流程就是对本单位购买的民用爆炸物品入库登记的操

作。用手持机，对箱子上的箱条码进行扫描，即可采集此次入库的雷管箱号、品种、段别、编号、数量等信息。只有手持机进行了入库操作，才表示此次购买的民用爆炸物品真正进入库存中。入库流程见图 13-2。

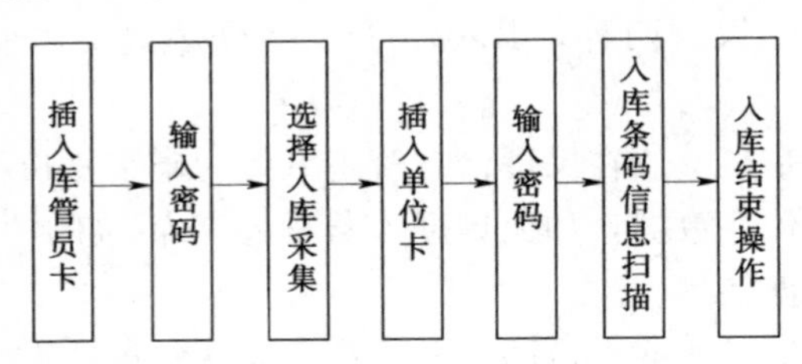

图 13－2　入库流程框图

入库操作注意事项：

(1) 在读电子数据时，手持机中插入的必须是含有本次购买物品电子信息的单位卡。

(2) 在读卡的过程中一定不要拔 IC 卡。

(3) 入库扫描条码的时候，要一次性把此次购买的民用爆炸物品全部扫描完毕后，再进行“入库结束”操作。

2. 拆箱流程

拆箱就是把库中整箱雷管拆开，用手持机记录下本箱内所有雷管盒的盒条码，将整箱雷管库存拆分成本箱内每盒雷管的库存，以便于进行发放和出库等的操作。整箱雷管只有经过拆箱以后，才能进行雷管的发放。拆箱流程见图 13－3。

拆箱操作注意事项：

(1) 确保扫描的箱、盒条码是对应的，不要将其他箱的盒条码扫到这箱中来。

(2) 一定要先扫箱条码，再扫盒条码，必须将一箱中的所有盒条码全部扫完，再扫描下一箱的所有盒条码。

3. 发放流程

雷管的发放就是库管员把整包或单发的雷管发给爆破员，同

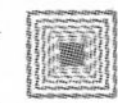

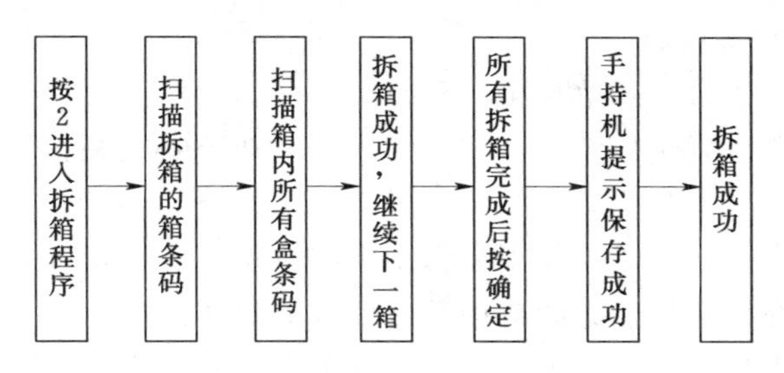

图 13－3　拆箱流程框图

时，雷管的责任也就转交到领用雷管的爆破员身上了。雷管发放流程见图 13－4。

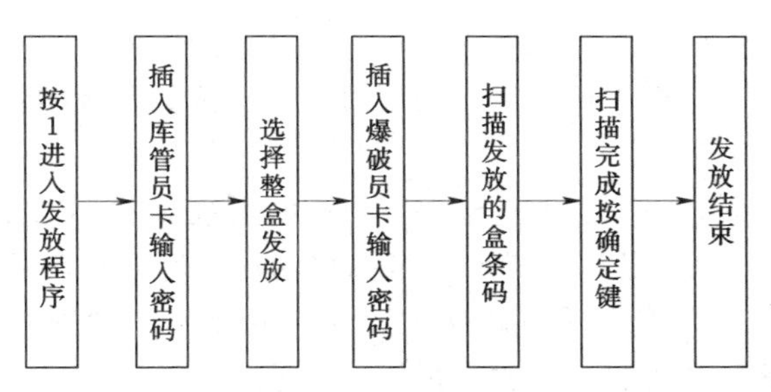

图 13－4　发放流程框图

雷管发放操作注意事项：

（1）必须给一个爆破员发放完了之后才能给下一个爆破员发放。

（2）在发放时必须先核对爆破员的身份。

（3）将扫描后的民用爆炸物品及时交给领用的爆破员，防止因错拿造成责任人不符，库存混乱。

4. 出库功能

出库是仓库和仓库之间的责任转移行为，主要是一个仓库向另一个仓库发放、卖出、转交民用爆炸物品。如总库给分库发放爆炸物品；使用单位退货。

5. 数据上报

数据上报：把手持机内记录的入库、出库、拆箱、发放等数据信息写入到单位卡中，然后上报到当地公安机关、这就是数据上报。

上报方式：带着做了数据上报的单位卡去公安机关进行数据接收或在综合信息无线应用平台做数据报送。

上报确认：数据上报到公安机关后，将单位卡拿回，在手持机上做“上报确认”，将手持机中已上报数据进行删除，意味着这批民用爆炸器材已经使用不复存在。

6. 手持机使用注意事项

（1）手持机开机后要先核对其年月日及时间。

（2）手持机进行入库、领用发放、上报数据等操作时确保手持机电量充足。

（3）开具两证、手持机上报数据时要确保 IC 卡空间足够。

（4）领用发放时手持机批量扫描功能。针对炸药箱条码连续的情况，3.05 版本手持机中“入库”功能——“请扫箱条码”，进入批量扫描功能，只要扫描第一箱和最后一箱炸药的输条码，不必扫描所有入库炸药的箱条码，即可将所有炸药入库。

（5）综合信息无线应用平台在开机状态下，不得直接将电源线切断或取出电池。

（四）手持机使用常见问题分析

（1）领用发放手持机按下任何键都提示“请执行入库操作”。

原因：上次没有做入库结束。在执行入库操作时，要先做入库结束操作才能进行其他操作。

（2）设备提示“此卡已过有效期”。

原因：IC 卡已过 1 年有效期或者设备日期时间有误。

解决方法：①到注册地公安机关年审；②更改为正确的日期时间。

（3）单位卡被锁住。有时候按照规定时间用单位卡进行数据

上报后，会出现上报的“时间超期”，甚至将单位卡“锁住”。

问题产生的原因有：

1）系统时间设置不对。一般情况下，手持机的系统时间一旦设置就自动正常运行，不会自行改变，但长时间断电或其他原因有可能造成系统时间的改变，这时，用户的所有操作就与实际的时间不相符。

2）在手持机上做完数据上报后未将单位卡里的数据按期上报至公安机关。

（4）不能整盒发放。不能整盒发放时，提示“库中无此条码”不能发放此盒。

问题产生的原因可能是：①库存中没有此条码；②此盒已经发放；③此盒已经单发发放了；④箱条码未拆箱。

（5）手持机误操作。误将手持机中出库功能当成发放功能使用，并插入了单位卡进行了出库。

做出库操作，并插入单位卡，等于对本单位做出库，出库信息写在本单位的单位卡上。

解决办法：继续使用本单位手持机做入库操作，入库时提示插入当初出库时使用的单位卡，其他与正常入库操作相同，入库结束后，再对该爆破员做相应发放操作。

（6）手持机无法正常扫描箱（盒）条码。

解决方法：在手持机的扫描界面按“F”键进行手工输入箱（盒）条码，输入时要注意区分大小写。

（7）对于新版本手持机，所有民用爆炸物品在执行入库时均扫条码入库。

习　题

一、填空题

1. 炸药的爆速与药包直径有关。随着药包直径的减小，炸药的爆速逐渐下降。药包直径减小到爆炸完全中断的直径称为药包的（　　）。

2. 炸药在介质内部爆炸时对其周围介质产生的整体压缩、破坏和抛掷能力称为（　　）。

3. 炸药在爆炸瞬间对与药包邻接的固体介质所产生的局部压缩、粉碎和击穿能力称为炸药的（　　）。

4. 炸药爆炸时，能激起与它不相接触的邻近炸药发生爆炸的现象称为（　　）。

5. 主发药包爆炸时能引爆沿轴线布置的另一药包的最大距离称为该种炸药的（　　），其单位一般用厘米（cm）表示。

6. 特定装药形状（如锥形孔、凹穴）可以使炸药能量在空间上重新分配，大大地加强了某一方向的局部破坏作用，这种现象称为（　　）。

7. 当药卷与炮孔壁间存在有月牙形空间时，炸药柱出现的爆速降低直至拒爆现象称为（　　）。

8. 瞬发雷管中的正起爆药在火焰作用下首先（　　）。副起爆药是在正起爆药爆轰作用下（　　），进一步加强雷管的爆炸威力，从而可靠地引爆工业炸药。

9. 瞬发电雷管是由电点火元件和（　　）装配而成。

10. 延期电雷管和延期导爆管雷管都随着段位的增加、延期时间（　　）且延期偏差（　　）。

11. 根据《工业电雷管》（GB 8031—2005）规定，电雷管应

在原包装条件下保管。储存环境要通风良好、干燥、防火，防盗。从制造日起电雷管存放有效期为（　　）个月。

12. 根据《导爆管雷管》（GB 19417—2003）规定，导爆管雷管应在原包装条件下保管。从制造之日起导爆管雷管存放有效期为（　　）。

13. 每发电雷管的全电阻就是（　　）电阻与（　　）电阻之和。

14. 对于某批或某个品种的电雷管，通以恒定的直流电，在（　　）内不发火的电流称为安全电流。国家标准《工业电雷管》（GB 8031—2005）规定电雷管的安全电流不小于（　　）。

15. 导爆索有普通导爆索、振源导爆索和低能导爆索等多种类型。工程中常用的是普通导爆索，其药芯为不少于（　　）的黑索金或太安炸药。

16. 自由面越大，自由面越多，爆破夹制作用（　　），破岩效率（　　），爆破效果也越好。

17. 当岩石性质、炸药品种相同时，随着自由面的增多，炸药单耗明显（　　）。

18. 根据孔深和孔径的不同，可将台阶爆破分为（　　）爆破和（　　）爆破。

19. 台阶爆破中，药包到自由面的距离称为（　　），前排炮孔底部中心到坡底线的水平距离称为（　　）。

20. 露天多排孔台阶爆破中，炮孔平面布置方式有方形布孔、矩形布孔、三角（梅花）形布孔三种形式，为减少大块可采用（　　）布孔。

21. 爆破参数主要指：钻孔直径、炸药单耗、每孔装药量、最小抵抗线（底盘抵抗线）、起爆方式和（　　）。爆破参数确定是否合理，将直接影响爆破效果。

22. 深孔布孔方式有单排布孔和（　　）两种。

23. 每破碎 $1m^3$ 岩石所需炸药量称为（　　）。

24. 浅孔台阶爆破法通常是指炮孔直径（　　），孔深（　　）的爆破法。

25. 将大量炸药集中装填于设计开挖成的药室（硐室或导硐）中，达到一次起爆完成大量土石方开挖或抛填任务的爆破技术称为（　　）。

26. 掘进工作面的炮孔主要分为（　　）、辅助孔和周边孔。

27. 在巷道掘进中，两种以上的掏槽方式结合使用的掏槽方法称为（　　）。

28. 在巷道掘进中，炮孔被炸下部分的长度与炮孔全长的比值叫（　　）。

29. 隧道掘进的开挖方法有全断面法、（　　）、导洞开挖法等。

30. 在巷道掘进中，各掏槽孔排列成锥形，以相等或近似相等的角度向中心倾斜，孔底趋于集中，但不互相贯通的掏槽方法称为（　　）。

31. 在巷道掘进中沿开挖边界布置密集炮孔，采取不耦合装药或装填低威力炸药，在主爆区爆破后起爆，以形成平整轮廓面的爆破作业称为（　　）。

32. 在井巷掘进中每完成一个循环，工作面向前推进的距离称为（　　）。通常用炮孔深度和炮孔利用率的乘积表示，如平均孔深 2.0m，炮眼利用率为 0.9，则循环进尺可达 1.8m。

33. 按设计要求，采用爆破方法拆除建（构）筑物，同时控制有害效应的爆破作业称为（　　）。

34. 拆除爆破中，为了控制爆破地震、飞石、冲击波和噪声，除了控制药量以外，还应使爆破能量分布均匀，形成多点分散的布药形式，防止能量过于集中，这就是（　　）。

35. 采用控制爆破法将结构物的某些关键部位炸毁，使之失去承载能力，迫使结构物的整体失去稳定性，然后在自重作用下定向倒塌或原地坍塌的设计思想称为（　　）。

36. 药包在水下岩层表面爆炸时，爆炸药包产生的能量部分消耗于振动、破碎和抛掷岩块，一部分能量释放到水中，转变为水中传播的（　　）。

37. 炸药在水中爆炸时，炸药的爆速和猛度随着水深的增加而（　　）。

38. 由于水对炸药的约束比在空气中________，所以炸药在水中的临界直径比空气中的要（　　）。

39. 水下爆破常用的炸药为：梯恩梯炸药、（　　）、（　　）、液体炸药、深水炸药等防水性能好，威力大的炸药。

40. 当裸露药包爆炸时，在被爆破岩体内也存在着压缩抛掷圈、（　　）和振动圈。

41. 在露天工程爆破中，产生的爆破有害效应一般包括（　　）、（　　）及噪声、（　　）和有害气体等。

42. 当炮孔中的起爆药包经点火或通电后，雷管与炸药全部未爆时，或只是雷管引爆而炸药未爆的现象被称为（　　）。

43. 我国《刑法》规定，对盗窃、抢夺炸药、发射药、黑火药 1kg 以上或烟火药 3kg 以上、雷管（　　）发以上或者导火索、导爆索 30m 以上的，处以（　　）以上（　　）以下有期徒刑。

44. 我国《刑法》规定，非法携带炸药、发射药、黑火药（　　）kg 以上或者烟火药 1kg 以上，雷管（　　）发以上或者导火索、导爆索 20m 以上进入公共场所或乘坐公共交通工具的，处以 3 年以下有期徒刑、拘役或管制。

45. 我国《民用爆炸物品安全管理条例》规定未经许可购买、运输民用爆炸物品或者从事爆破作业的，由公安机关责令停止非法购买、运输、爆破作业活动，处（　　）万元以上（　　）万元以下的罚款，并没收所有民用爆炸物品及其违法所得。

46. 我国《刑法》规定，对非法制造、买卖、运输、邮寄、储存枪支、弹药、爆炸物的，处以（　　）以上（　　），情节严重的，处以10年以上有期徒刑、无期徒刑或者死刑。

47. 民用爆炸物品存储仓库距离居民区不得少于（　　）m。

48. 爆破器材库房内严禁（　　）和（　　）照明。

二、判断题

1. 炸药发生爆炸应具备三个条件：放热化学反应，反应时生成大量气体，反应速度快，三者缺一不可，称为炸药爆炸三要素。（　　）

2. 炸药在常温下会发生热分解，分解速度很慢，不会形成爆炸。但是随着环境温度的升高，分解速度加快，温度继续升高到爆发点时，热分解转化成爆炸。（　　）

3. 炸药的爆速与药包直径有关。药包直径越大，炸药的爆速越高。（　　）

4. 炸药的殉爆距离愈大，表明炸药的起爆感度愈高，传爆性能愈好。（　　）

5. 炸药的殉爆距离与药包约束条件有关，外壳越坚硬，殉爆距离越大。（　　）

6. 工业炸药根据包装形式可分为：袋装品和卷装品。卷装品中的小直径药卷有三种规格，其外径分别为32mm、35mm、38mm，相应的药卷重量为100g、150g、200g三种。（　　）

7. 现在一些炸药生产厂家可生产直径为27mm、32mm、35mm、45mm、50mm、60mm、80mm、90mm，长度分别为200mm、300mm、400mm、500mm、800mm等特殊规格的卷装炸药，也可根据用户要求适当调整外径和长度。（　　）

8. 水胶炸药不能用于有水的炮孔爆破。（　　）

9. 雷管按其装药量的多少分为十个等级，号数愈大，起爆药量愈多，因而起爆能力愈强。（　　）

10. 延期电雷管和延期导爆管雷管都随着段位的增加，延期时间增加，延期偏差不变。（　　）

11. 根据《工业电雷管》(GB 8031—2005) 规定，电雷管应在原包装条件下保管。储存环境要通风良好、干燥、防火，防盗。从制造日起电雷管存放有效期为18个月。(　　)

12. 普通万用电表测量电雷管电阻时，表内电流可能大于电雷管的最高安全电流，使雷管误爆，所以在测量雷管电阻和网络电阻时，应该用专用的爆破欧姆表。(　　)

13. 可以用普通万用电表测量电雷管的电阻。(　　)

14. 根据《导爆管雷管》(GB 19417—2003) 规定，导爆管雷管应在原包装条件下保管。从制造之日起导爆管雷管存放有效期为24个月。(　　)

15. 普通导爆管经扭曲、打结后（管腔未堵死）仍能正常传爆。(　　)

16. 普通导爆管在管壁无破裂、端口以及连接元件密封可靠的情况下，导爆管可以在80 m深的水下仍能正常传爆。(　　)

17. 普通导爆管在管内断药大于15cm，或管腔内有水、砂土等异物，或管壁出现大于1cm裂口的情况下，仍能正常传爆。(　　)

18. 导爆索可以直接引爆具有雷管感度的炸药，不需在插入炸药的一端连接雷管。

19. 导爆索爆破网路中主线与支线的连接方法有搭结、套结、水手结和三角结等几种。(　　)

20. 自由面越大，自由面越多，爆破夹制作用越小，破岩效率越高，爆破效果也越好。(　　)

21. 当岩石性质、炸药品种相同时，随着自由面的增多，炸药单耗明显提高。(　　)

22. 最小抵抗线是指爆破时岩石产生抵抗力（阻力）最小的方向，是爆破作用的主导方向，也是抛掷作用或飞石飞散的主要方向。(　　)

23. 深孔爆破的钻孔形式一般分为垂直钻孔和水平钻孔两

种。(　　)

24. 超深的目的是为了克服台阶爆破底板的夹制作用，使爆破后不留底坎。(　　)

25. 炸药单耗是指每破碎 1m³ 岩石所需的炸药量。(　　)

26. 排间顺序起爆的优点是爆破方向交错，岩块碰撞机会增多，破碎较均匀，减振效果差。(　　)

27. 炸药结块后，只能用木棍破碎药块，不能用铁器破碎药块。(　　)

28. 浅孔爆破容易出现的问题有爆破飞石、冲炮现象、爆后残留根部。(　　)

29. 倾斜孔的钻凿速度比垂直孔的钻凿速度快。(　　)

30. 超深主要取决于岩石的可爆性，岩石坚硬、结构面不发育，超深取小值，反之取大值。(　　)

31. 硐室爆破无须大型钻孔机械，工期短，成本低，爆破振动对环境破坏的影响范围小。(　　)

32. 掏槽是掘进爆破中的关键技术，掏槽效果的好坏对炮孔利用率的高低起着决定性作用。(　　)

33. 在巷道掘进中，为了提高爆破效果，掏槽孔通常比其他炮孔加深 15～20cm，装药量增加 15%～20%。(　　)

34. 在巷道掘进中，倾斜掏槽的缺点是爆破同样体积的岩体要消耗较多的炮孔数量及炸药量，对炮孔间距及开孔精度要求高。(　　)

35. 小直径空孔垂直掏槽主要用于浅孔掘进爆破。(　　)

36. 在巷道掘进中，掏槽孔应布置在爆破容易突破的位置。(　　)

37. 在巷道掘进中，断面越小，岩石越坚硬，对爆破的夹制作用也就愈大，炮孔深度应小。(　　)

38. 在巷道掘进中，循环进尺也称为爆破进度，即实际爆破进度等于炮孔深度。(　　)

39. 采用手持式轻型凿岩机钻孔时，孔径一般为 40mm 左右。(　　)

40. 预裂炮孔在主爆区爆破之后起爆。(　　)

41. 光面爆破和预裂爆破的不同点包括：炮孔起爆顺序不同；自由面数目不同；单位炸药消耗量不同。(　　)

42. 对于拉槽路堑或坡面前方开挖层比较宽的路堑，以及需要设置隔振带的爆破区，边坡开挖宜采用预裂爆破。(　　)

43. 由于预裂孔爆破的夹制作用比光爆孔大，其线装药量相应比光爆孔大一些。(　　)

44. 预裂爆破和光面爆破一般采用耦合装药形式。(　　)

45. 填塞炮泥时要用木棍捣实，以防出现空洞，严禁把炮泥放进去不捣实的做法。(　　)

46. 在楼房拆除爆破中，建筑物的倒塌方式有原地坍塌、定向倒塌、折叠倒塌和逐跨倒塌等几种。(　　)

47. 水下钻孔爆破能充分利用炸药的爆炸能破碎岩石，爆破效果好，炸药单耗小，产生的冲击波小。(　　)

48. 炸药在水中的殉爆距离比空气中小。(　　)

49. 水下钻孔爆破常用胶质药、乳化药、粉状硝铵炸药。(　　)

50. 为了降低爆破地震效应采用低爆速、低密度的炸药。(　　)

51. 台阶爆破中，在最小抵抗线方向上的爆破振动强度最小，反向最大，侧向居中。(　　)

52. 当雷管与部分炸药爆炸，但炮孔底部留有部分未爆的药包，则称为盲炮。(　　)

53. 浅孔爆破的盲炮处理可钻平行孔装药爆破，平行孔距盲炮孔不应小于 0.3m。(　　)

54. 炸药爆炸产生的有害气体大部分是一氧化碳和氯气。(　　)

55. 起爆器的操作要由两人负责实施，一人操作，一人进行监督，必要时随时进行替换。(　　)

56. 堵塞炮孔时，可以用含有少量碎石块或含有易燃材料进行堵塞。(　　)

57. 发现爆破器材变质，应及时销毁，不能继续使用。(　　)

58. 爆破器材的搬运工程中要轻拿轻放，必须遵照《爆破安全规程》(GB 6722）的相关要求进行。(　　)

59. 按照《爆破安全规程》(GB 6722）的规定，火工品仓库必须满足防爆、防雷、防潮和防火的要求，而对于防鼠没有要求。(　　)

60. 爆破结束后，对于剩余的少量雷管和炸药无需退回仓库，可以私自收藏。(　　)

61.《爆破安全规程》(GB 6722）规定，装药必须使用木棍、竹竿作为炮棍，必要时可以用铁棒，钢筋来替代。(　　)

62. 出现盲爆后，应加强警戒，无关人员必须在安全区等待，等待 15min 后，由熟悉爆破作业人员或经验丰富的人员组织排除。(　　)

63. 采用电爆网路时，应对高压电、射频电等进行调查，应遵守《爆破安全规程》(GB 6722）的有关规定，采取必要的预防措施。(　　)

64. 露天爆破中通常以空气冲击波对人员的安全距离来规定安全警戒范围。(　　)

65. 对不合格的爆破器材，可自行销毁或再加工使用。(　　)

66. 爆破工程技术人员或安全员综合各方面情况后确认无盲炮（或盲炮已经处理完毕）和其他险情后，下达警戒解除命令。(　　)

67.《爆破作业单位资质条件和管理要求》(GA 990—2012）规定，爆破员、安全员、保管员（统称“三大员”）应参加培训考核，取得公安机关颁发的安全作业证后，才能从事爆破作业。(　　)

三、选择题

1. 不同的炸药在同一外能作用下，有的很容易起爆，有的则较难起爆或不能起爆。炸药在外能作用下起爆的难易程度称为该炸药的（　　）。

A. 热感度　B. 摩擦感度　C. 起爆感度　D. 感度

2. 按照工业炸药的使用条件进行分类，可分三类，第一类炸药、第二类炸药、第三类炸药依次是：（　　）

A. 煤矿安全炸药，露天岩石炸药，岩石炸药

B. 煤矿安全炸药，岩石炸药，露天岩石炸药

C. 露天岩石炸药，岩石炸药，煤矿安全炸药

D. 单质炸药，混合炸药，起爆炸药

3. 下面哪一种炸药不是抗水性炸药：（　　）

A. 水胶炸药　　B. 浆状炸药

C. 乳化炸药　　D. 膨化硝铵炸药

4. 在潮湿含水的炮孔，宜采用具有防水性能的（　　）。

A. 铵锑炸药　　B. 铵油炸药

C. 乳化炸药　　D. 膨化硝铵炸药

5. 硝铵类炸药不可与（　　）同仓库存放。

A. 雷管　B. 导爆索　C. 梯恩梯　D. 乳化炸药

6.《工业电雷管》（GB 8031—2005）规定，电雷管应在原包装条件下保管；储存环境要通风良好、干燥、防火，防盗；从制造日起电雷管存放有效期为（　　）个月。

A. 16 个月　B. 18 个月　C. 20 个月　D. 24 个月

7.《导爆管雷管》（GB 19417—2003）规定，导爆管雷管应在原包装条件下保管；从制造之日起导爆管雷管存放有效期为（　　）。

A. 16 个月　B. 18 个月　C. 20 个月　D. 24 个月

8.《爆破安全规程》（GB 6722）规定，测量电雷管及电爆

网路的爆破仪表，其输出工作电流不得大于（　　）mA。

A. 20　　B. 30　　C. 40　　D. 50

9.《爆破安全规程》（GB 6722）规定：对于电爆网路，流经每个雷管的电流为：一般爆破，交流电不小于（　　），直流电不小于（　　）；大爆破，交流电不小于 4A，直流电不小于 2.5A。

A. 2.5A，2A　　B. 2A，2.5A

C. 4A，2.5A　　D. 2.5A，4.0A

10.《爆破安全规程》（GB 6722）规定：对于电爆网路，流经每个雷管的电流为：大爆破，交流电不小于（　　），直流电不小于（　　）。

A. 2.5A，2.0A　　B. 2.0A，2.5A

C. 4A，2.5A　　D. 2.5A，4.0A

11. 在有矿尘或气体爆炸危险的矿井中爆破，可以使用（　　）起爆。

A. 1/4 秒延期电雷管

B. 半秒延期电雷管

C. 秒延期电雷管

D. 延期时间小于 130ms 的毫秒延期电雷管

12. 用 10 发电雷管组成的串联电爆网路，如果每发电雷管全电阻 r 是 4Ω，网路中导线的电阻 R 是 15Ω，其电爆网路的总电阻是（　　）。

A. 19Ω　　B. 40Ω　　C. 50Ω　　D. 55Ω

13. 用 10 发电雷管组成的并联电爆网路，如果每发电雷管全电阻 r 是 4Ω，网路中导线的电阻 R 是 15Ω，其电爆网路的总电阻是（　　）。

A. 19Ω　　B. 15.4Ω　　C. 25Ω　　D. 55Ω

14. 导爆索爆破网路中主线与支线搭结连接时，两根导爆索重叠的长度不得小于（　　），中间不得夹有异物和炸药卷，支线传爆方向与主线传爆方向的夹角不得大于（　　）。

A. 10cm，90°　　B. 15cm，80°

C. 15cm，90°　　D. 20cm，80°

15. 露天深孔爆破，爆后应超过（　　），方准检查人员进入爆区。

A. 10min　　B . 15min　　C. 20min　　D. 25min

16. 采石场常采用多排炮孔爆破，为减少爆破大块，多排炮孔平面布置的最好方式是：（　　）

A. 方形布孔　　B. 矩形布孔

C. 菱形布孔　　D. 交错布孔

17. 结块的铵油炸药人工破碎，允许用（　　）不产生火花的工具。

A. 钻杆　　B 铁棒

C. 铝管　　D. 竹或木棍

18. 隧道掘进爆破中最先起爆的炮孔是（　　）。

A. 掏槽孔　　B. 扩槽孔　　C. 内圈孔　　D. 底板孔

19. 掘进爆破掏槽孔一般有（　　）个自由面。

A. 1　　B. 2　　C. 3　　D. 4

20. 在巷道掘进中，要求炮孔利用率不低于（　　）%。

A. 30　　B. 40　　C. 50　　D. 85

21. 在巷道掘进中，孔深小于（　　）时，称为浅孔掘进爆破。

A. 0. 5m　　B. 1. 0m　　C. 2. 5m　　D. 5. 0m

22. 对于长宽均为6m，高为3m的混凝土基础爆破，炮孔直径取40mm，孔距与排距均为0. 5m，孔深取（　　）为好。

A. 1m　　B. 2m　　C. 2. 5m　　D. 3. 0m

23. 拆除爆破一座高60m的钢筋混凝土框剪结构楼房，是属于（　　）爆破工程。

A. A级　　B. B级　　C. C级　　D. D级

24. 拆除爆破一座高 100m 的钢筋混凝土烟囱，是属于（　　）爆破工程。

A. A 级　　B. B 级　　C. C 级　　D. D 级

25. 拆除爆破混凝土挡墙时钻垂直炮孔，当最小抵抗线为 0.4m，孔深为 1.4m 时，采用分层装药结构，较好的分层数是（　　）。

A. 1 层　　B. 2 层　　C. 3 层　　D. 4 层

26. 烟囱拆除爆破中，爆破切口的展开长度是爆破切口处圆周长的（　　）倍。

A. 0.4　　B. 0.45　　C. 0.6　　D. 0.7

27. 水下爆破包括各种工程目的的水下爆破工程。按爆破作用性质，水下工程爆破可以分为（　　）。

A. 水面裸露药包爆破、水中爆炸、水下钻孔爆破

B. 水底裸露药包爆破、水中钻孔爆破、水下钻孔爆破

C. 水中爆炸、水底裸露药包爆破、水下钻孔爆破

D. 水面爆炸、水中裸露药包爆破、水下钻孔爆破

28. 在水底裸露药包爆破施工过程中，药包的投放方法分为（　　）。

A. 船投法、排架投放法、缆绳法

B. 绳投法、排架投放法、缆绳法

C. 船架法、排架法、绳投法

D. 船投法、船架投放法、缆绳法

29. 水下钻孔爆破的最小抵抗线和孔间距相对较小，考虑到钻孔偏差，最小抵抗线、孔距、排距要比陆地梯段爆破小（　　）。

A. 15％～25％　　B. 10％～25％

C. 5％～15％　　D. 10％～30％

30. 爆破地震波幅值通常用于表述振动强度，振动幅值指标不包括（　　）。

A. 质点振动位移　　B. 振动频率

C. 振动速度　　D. 振动加速度

31. 空气冲击波及噪声的防护措施不包括（　　）。

A. 尽量避免采用裸露药包爆破

B. 保证合理的堵塞长度和堵塞质量

C. 孔内、孔外雷管应尽量采用瞬发雷管

D. 合理确定爆破参数，特别是要使前排抵抗线均匀

32. 以下哪一种不是降低爆破振动的技术措施（　　）。

A. 采用毫秒延期爆破，严格控制最大单段药量

B. 采用预裂爆破或开挖减振沟槽

C. 采用低爆速、低密度的炸药或选择合理的装药结构

D. 选择合理的抵抗线方向，降低装药的分散性和临空面

33. 以下哪些不是导致爆破飞石产生的主要原因（　　）。

A. 孔网参数选取不当　　B. 岩石构造的影响

C. 单耗药量偏大　　D. 炮孔堵塞长度偏大

34. 工程爆破产生有毒气体有（　　）

A. 二氧化碳　　B. 水蒸气

C. 氯气　　D. 硫化氢和一氧化碳

35. 爆破器材仓库必须昼夜设立警卫，加强巡逻，（　　）无关人员进入库区。

A. 严禁　　B. 注意　　C. 防止　　D. 监视

36. 非营业性爆破作业单位其爆破工程技术人员不少于 1 人，爆破员不少于（　　）人，安全员不少于 2 人，保管员不少于 2 人。

A. 1　　B. 3　　C. 5　　D. 7

37. 爆破员的岗位职责不包括下列（　　）。

A. 保管所领取的民用爆炸物品

B. 全面负责爆破作业项目的安全管理工作

C. 爆破后检查工作面，发现盲炮或其他安全隐患及时报告

D. 在项目技术负责人的指导下，配合爆破工程技术人员处理盲炮或其他安全隐患

38. 营业性爆破作业单位因发生较大爆破责任事故，签发公安机关可对其资质等级予以降级，重新核定从业范围，并在（　　）年内不得申请晋升资质等级。

A. 2　　B. 3　　C. 5　　D. 终身

39. 炸药库与雷管库及值班室的安全距离不得少于（　　）m 并建有防爆墙（堤），将炸药库与雷管库隔开。

A. 10　　B. 20　　C. 25　　D. 30

40. 导火索不能同下列哪一危险品同库存放。（　　）

A. 黑火药　　B. 硝铵炸药

C. 射孔弹　　D. 导爆索

41. 硝铵炸药不能同以下哪一危险品同库存放。（　　）

A. 导火索　　B. 射孔弹　　C. 导爆索　　D. 雷管

42. 爆破作业人员违反国家有关标准和规范的规定实施爆破作业，以至发生重大事故，造成严重后果的，可判处危险物品肇事罪。尚不构成犯罪的，依照《治安管理处罚法》第 30 条的规定，违反国家规定，使用爆炸性物质的，（　　）拘留；情节较轻的，处 5 日以上 10 日以下拘留，给予治安管理处罚。

A. 处 3 日以上 5 日以下　　B. 处 5 日以上 7 日以下

C. 处 7 日以上 10 日以下　　D. 处 10 日以上 15 日以下

43. 通过对爆破事故的统计分析发现，造成爆破事故的主要原因是（　　）。

A. 爆破技术　　B. 爆破器材

C. 人为因素　　D. 环境因素

44. 在巷道掘进，当岩石条件不变时，随着开挖巷道断面的减小，炸药单耗（　　）。

A. 增加　　B. 减小　　C. 不变　　D. 很难说

45. 在 10 孔的单排孔爆破，只用两个段位的导爆管雷管可

否实现逐孔起爆。(　　)

A. 很难说　　B. 不可以　　C. 可以

46. 如下图所示电雷管爆破网路是(　　)爆破网路。

A. 串联　　B. 并联　　C. 并串联　　D. 串并联

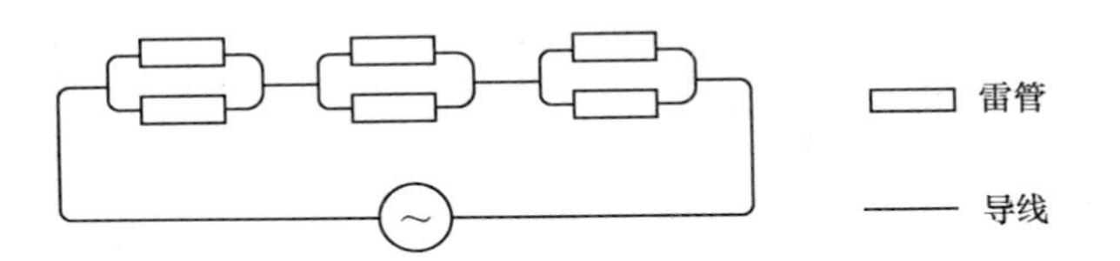

四、解答题

1. 炮孔直径 40mm 的浅孔台阶爆破，台阶高度为 2.0m，孔距 1.2m，排距 1.5m，孔深 2.3m，炮孔布置平面图如图习题-1 所示。如果采用每卷药卷长 200mm、重 200g 的乳化炸药，单位炸药消耗量为 0.4kg/m^3：(1) 试计算每孔装药量，确定炮孔堵塞长度；(2) 试用 3 段 7 段微差导爆管雷管绘出排间微差爆破网路连接图。

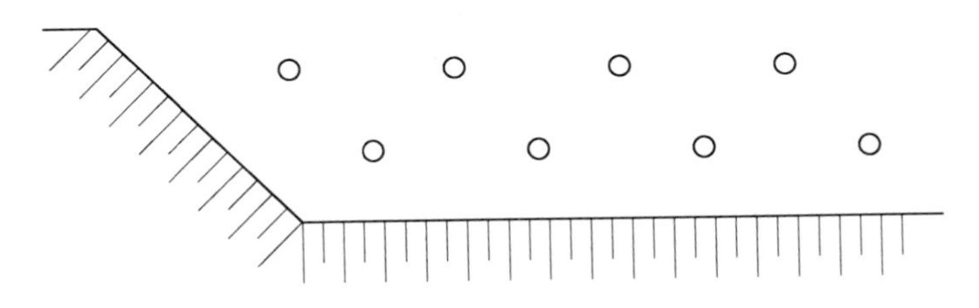

图习题-1　炮孔布置平面图

2. 台阶爆破，孔深 10m，炮孔直径 90mm，孔内用 10 段毫秒延期导爆管雷管，孔外用 3 段毫秒延期导爆管雷管连接，雷管孔内外连接的剖面图如图习题-3 所示，试连接一个排间毫秒延期爆破网路，要求从左向右逐排起爆，并且每次只能起爆 3 个炮孔。

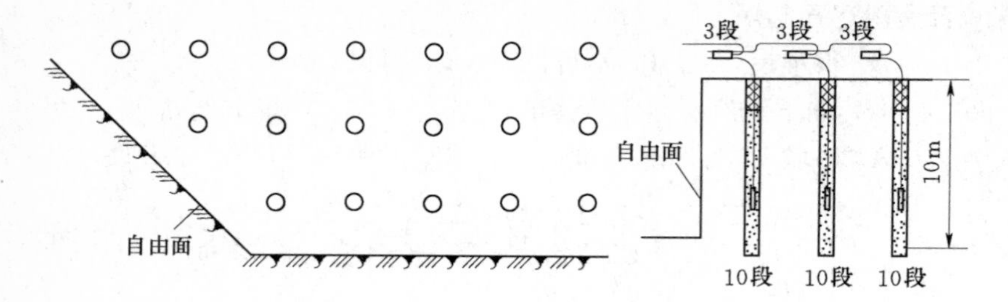

图习题-2　炮孔平面布置图、炮孔剖面图与导爆管雷管连接示意图

习 题 答 案

填空题标准答案： 1. 临界直径；2. 炸药的威力；3. 猛度；4. 殉爆；5. 殉爆距离；6. 聚能效应；7. 沟槽效应；8. 起爆，起爆；9. 火雷管；10. 增加，增大；11.18；12. 二年；13. 桥丝，脚线；14.5min，0.2A；15.11g/m；16. 越小，越高；17. 降低；18. 深孔台阶，浅孔台阶；19. 最小抵抗线，底盘抵抗线；20. 三角形；21. 炮孔间距、排距；22. 多排布孔；23. 炸药单耗；24. 小于 50mm，小于 5m；25. 硐室爆破；26. 掏槽孔；27. 复式掏槽法；28. 炮孔利用率；29. 半断面法；30. 锥形掏槽；31. 光面爆破；32. 循环进尺；33. 拆除爆破；34. 微分原理；35. 失稳原理；36. 冲击波；37. 降低；38. 大、小；39. 水胶炸药、乳化炸药；40. 松动破坏圈 ；41. 爆破振动、空气冲击波、飞石；42. 瞎炮（盲炮）；43.30，3 年，10 年 ；44.0.5，20；45.5 万元，20 万元；46.3、10；47.300；48. 吸烟、用火。

判断题标准答案： 1. √；2. √；3. ×；4. √；5. √；6. √；7. √；8. ×；9. √；10. ×；11. √；12. √；13. ×；14. √；15. √；16. √；17. ×；18. √；19. √；20. √；21. ×；22. √；23. ×；24. √；25. √；26. √；27. √；28. √；29. ×；30. ×；31. ×；32. √；33. √；34. ×；35. √；36. √；37. √；38. ×；39. √；40. ×；41. √；42. √；43. √；44. ×；45. √；46. √；47. √；48. ×；49. ×；50. √；51. √；52. ×；53. √；54. ×；55. √；56. ×；57. √；58. √；59. ×；60. ×；61. ×；62. √；63. √；64. ×；65. ×；66. √；67. √。

选择题标准答案： 1. D；2. B；3. D；4. C；5. A；6. B；7. D；8. B；9. A；10. C；11. D；12. D；13. B；14. C；：15. B；16. D；17. D；18. A；19. A；20. D；21. C；22. C；23. B；

24. B；25. C；26. C；27. C；28. A；29. B；30. B；31. C；32. D；33. D； 34. D； 35. A； 36. C； 37. B； 38. B； 39. D； 40. A；41. D；42. D；43. C；44. A；45. C；46. C。